电网调度与监控

左亚芳　主编

中国电力出版社

CHINA ELECTRIC POWER PRESS

内 容 提 要

本书系统介绍了电网调控一体化业务开展的方法。全书共分为 5 章，主要内容有：调控一体化，电网调度控制与操作，电网和设备异常及事故处理，电网运行监视，典型调控一体化系统应用实例。本书是编者多年实际工作经验的积累和总结，实用性较强。

本书不仅可以作为从事调控业务的生产人员和管理人员的培训教材，也可以作为进行调控一体化建设的相关单位、管理人员、技术人员和生产人员的参考书。

图书在版编目（CIP）数据

电网调度与监控 / 左亚芳主编. —北京：中国电力出版社，2013.6（2015.7 重印）
ISBN 978-7-5123-4373-3

Ⅰ. ①电… Ⅱ. ①左… Ⅲ. ①电力系统调度②电力监控系统 Ⅳ. ①TM73

中国版本图书馆 CIP 数据核字（2013）第 086240 号

中国电力出版社出版、发行
（北京市东城区北京站西街 19 号 100005 http://www.cepp.sgcc.com.cn）
汇鑫印务有限公司印刷
各地新华书店经售

*

2013 年 6 月第一版 2015 年 7 月北京第二次印刷
710 毫米×980 毫米 16 开本 16 印张 303 千字
印数 3001—4500 册 定价 46.00 元

编写人员名单

主　编　左亚芳

参　编　朱能勇　　左向华　　张　耀　任伟强

　　　　尹佐逾凡　左轩哲　　白　鲸

前　言

随着各种电压等级交直流电网的建成，在短短几年里，国家电网公司总输变电容量由 200 万 MVA 迅速增至 1000 万 MVA。电网覆盖面和空间布局层次也都发生了巨大变化，原有的运行管理、维护等模式已经不能适应电网发展的需要。为了更好地管理电网、运行电网、服务于经济建设和人民生活，国家电网公司以科学发展观为指导，遵循电力工业发展规律，围绕"一强三优"现代化公司战略目标，按照集约化、扁平化、专业化的方向，立即进行 "三集五大"建设。

大运行体系既是"三集五大"的重要组成部分，也是实现国家电网调度和运行业务一体化运作，建立各级输变电设备运行集中监控业务与电网调度业务高度融合的一体化调控体系。

在调控一体化系统建设初期，实际运行经验积累较少。调控一体化属于新型专业，它不是原有电网调度业务和输变电运行业务的简单相加，而是电力资源优化配置、电网和设备异常及事故迅速有效处置的最有效管理方式。这就要求调控人员具备处理多种业务的能力，具备全面分析设备和电网异常、事故的素质，并能准确判断、果断处置。目前，从事电网调度业务的人员对变电站设备了解较少，对设备异常及故障分析判断的能力欠缺。变电站运行人员具备变电设备运行维护及操作能力，而电网调度、控制方面的能力又有欠缺。

随着调控一体化业务的开展，有大量人员将从事调控一体化业务，对这些人员的培训迫在眉睫。为了满足大量的员工培训和调控一体化建设需要，结合编者在参与调控一体化系统建设和从事调控一体化业务过程中积累的经验，特编写本书，以供从事调控一体化工作的相关生产人员和管理人员借鉴。本书主要以省、地调调控一体化相关工作和业务为例，适用于省、地调控中心。从事国调和网调调控一体化业务的人员和单位也可以作为借鉴使用。

在本书的编写过程中，得到了很多专家及相关专业技术人员的大力支持和帮助，在此一并表示感谢。

由于作者水平和编写时间的关系，书中不足之处难免，恳请广大读者批评指正。

编　者

2013 年 3 月

目 录

第 **1** 章

调 控 一 体 化

1.1 调控一体化简介

1.1.1 调控一体化实施背景

一、中国能源状况

中国经济发展速度很大程度上取决于能源供给。为了满足工业生产、公共服务和人民生活用电量的增长，确保国民经济持续稳定增长，中国电力能源结构已经由单一的火电和水电，发展到了今天水电、火电、核电、风力发电、太阳能发电、地热发电、生物发电、潮汐发电等多种发电形式齐头并进，特别是风力发电、太阳能发电、地热发电、生物发电等清洁可再生能源正在逐步成为我国的能源结构主体。尽管如此，我国的电力能源缺口每年还在大幅度增长。从俄罗斯进口电力也是弥补国内缺电的一项重大举措。

二、中国电网结构

中国中东部地区经济发达，电力能源需求较大，但电力负荷中心的电力资源有限。为此，新建成的交流 1000、750kV，直流±800、±600、±500、±400kV，都是为了满足跨区域输送电力能源的需求。高电压、长距离输送电能的技术，不仅实现了新疆、西藏和全国联网，而且黑河背靠背换流站的建成，让中国和俄罗斯也实现了直流联网。交流 750kV 和直流±400kV 以上电网是全国主要跨区域输电网络。交流 500kV 及以下，包括 500、330、220、110kV 电网只作为区域内输电主网，也可以用这些电压等级电网直接向电力大用户供电。35kV 和 10kV 电网主要作为配电网络和农电网络。

三、"三集五大"

随着各种电压等级交直流电网的建成，近几年来国家电网公司总输变电容量由

200万MVA迅速增至1000万MVA。电网覆盖面和空间布局层次都发生了巨大变化，原有的运行管理、维护等模式已经不能适应电网发展的需要。为了更好地管理电网、运行电网，服务于经济建设和人民生活，国家电网公司以科学发展观为指导，立足于中国经济发展的现状，遵循电力工业发展规律，按照集约化、扁平化、专业化的方向，进行"三集五大"建设。

"三集"指人力资源集约化管理、财务集约化管理、物资集约化管理。"五大"指大规划体系、大建设体系、大运行体系、大检修体系、大营销体系。在"三集五大"建设中，"五大"体系建设是重点。大规划体系是实施全公司规划和计划统一编制、统一管理，建立包含各专业、贯穿各层级、涵盖各电压等级的统一规划体系。大建设体系是统一管理流程、技术规范和建设标准，建立由省建设公司、地（市）建设公司按电压等级承担项目建设任务的建设管理体系。大运行体系是实现各级调度和运行业务一体化运作，建立各级变电设备集中运行监控业务与电网调度业务高度融合的一体化调控体系。大检修体系是实施运维、检修一体化管理，建立由省检修公司、地（市）检修公司按电压等级承担输变电设备运维和检修任务的一体化运作体系。大营销体系是以客户和市场为导向，建立95598电话服务和计量检定配送业务向省级集中、业扩报装实施属地化管理的营销管理体系和24小时面向客户的营销服务系统。

"五大"体系建成后，将变革组织架构，创新管理模式，优化业务流程，整合五大业务模式，统筹公司内部资源，有效利用社会资源，加强总部管控能力，压缩公司管理层级，缩短管理链条，建立纵向贯通、横向协同、权责清晰、流程顺畅、管理高效，大幅度提高国家电网公司管理水平和运营效率，适应电网发展方式转变。

四、变电运行管理现状

（1）变电站数量、设备数量大幅度增长。截至2010年底，国家电网公司系统共有35kV以上变电站近两万余座，其中66kV及以上电压等级变电站1万余座。变压器、断路器等变电设备在五年内增长了一倍。

（2）电网装备水平有了显著提高。1000、750kV工程陆续投入，500、330kV大容量变压器普遍使用。国家电网公司系统110（66）kV及以上电压等级的断路器组合化率达到18%，断路器无油化率达到95%，继电保护微机化率达到98%，高压直流输电、串联补偿装置、在线监测装置等新设备得到了广泛应用。大部分变电站都具备"五遥"功能，自动化水平显著提高。

（3）变电运行集约化管理水平不断提高。由于变电站自动化水平得到了很大提高，使得远方集中监控变电站成为现实，变电站管理从传统有人值班方式向无人值班方式转变。

各电压等级值班方式分布见表1-1。

表 1-1   各电压等级值班方式分布

值班方式	750kV	500（330）kV	220kV	110（66）kV	35kV
无人值守	0	6	1489	7698	6264
少人值守	0	31	264	300	719
有人值班	15	293	809	1099	1981
无人值班比例（%）	0.00	11.21	68.42	87.92	77.90

（4）变电站集中监控的范围，从几个变电站扩大到一个地区变电站群的集中监控，操作范围从分站操作扩大到分区操作，"集控站"和"监控中心＋运维操作站"的变电运行管理模式已经在运行中积累了一定经验。

各种运行模式控制变电站的比重见表 1-2。

表 1-2   各种运行模式控制变电站的比重

运行模式	定　义	受控变电站比重（%）
传统模式	以变电站为单元设置，分站监控、操作，变电站 24h 有人值班	25.0
集控站模式	按照作业半径设立，分区监控、操作，监控和操作合一，岗位具有一定的互换性，负责所辖变电站设备巡视、监视、消缺、操作、状态评价等。 调度预令下到集控站，正式操作令下到变电站	16.2
监控中心＋运维操作站模式	集中监控、分区操作，监控和操作分属两个班组，调度与监控分离，一个地区集中建设 1～2 个监控中心，按作业半径分设多个运维操作站。 监控人员负责受控变电站设备监视、远方简单操作、状态评价等工作。运维操作人员负责状态巡视、消缺、现场操作以及应急处置等。 调度预令下到监控中心，正式操作令下到变电站	46.2
调控中心＋运维操作站模式（调控一体化）	集中监控、分区操作，调度与监控合一，一个地区集中建设一个监控中心，按作业半径分设多个运维操作站。 调度人员也是监控人员，都属于调度部门。调控人员负责调度和设备监控、远方简单操作、状态评价等工作。运维操作人员负责状态巡视、消缺、现场操作以及应急处置等。 调度预令下到运维操作站，正式操作令下到变电站	12.6

（5）采用不同变电运行管理模式，不仅可控制的变电站比重不同，而且采用不同变电运行管理模式的各单位人站比平均值也不一样。

图 1-1 所示为采用不同变电运行管理模式为主的各单位人站比平均值。

目前，国家电网公司现有变电运行人员 5 万余人，变电运行人员效率较传统管理模式已经提高了一倍多，集约化水平明显提高。

若在一个地市建设 1 个监控中心，500（330）kV 及以下变电站全部采用无人值守或少人值守方式，比目前还可节约 2 万人。由此可见，变电运行的人员配置仍然有很大的优化空间。如果实行"大运行"，进一步推行调控一体化模式，变电运行人力资源将进一步得到优化。

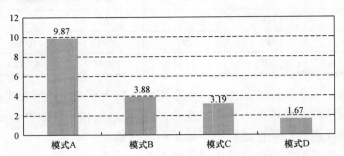

图 1-1　采用不同变电运行管理模式为主的各单位人站比平均值
模式 A—传统模式；模式 B—集控站模式；模式 C—监控中心＋运维操作站模式（调控分离）；
模式 D—调控中心＋运维操作站模式（调控一体化）

1.1.2　调控一体化管理及模式

一、调控一体化管理

调控一体化管理，是在确保电网安全运行的前提下，以电网自动化为基础，以电网调控一体化智能技术支持系统为手段，实现电网调度、监视和控制的统一集中管理，同步优化电网运行、检修、抢修等配套机制，跨区域调配抢修资源，提升电网异常、故障应急响应速度，提高电网供电可靠性的电网调度和运行管理方式。

二、实施电网调控一体化管理的意义

实施电网调控一体化管理，能够充分利用现有人力、物力资源，优化资源配置，减少管理层级，提高工作效率，避免资源浪费；能够确保电网安全稳定运行，提高应急抢修效率，减少停电时间和提高供电可靠性；提高调度、监控、运维人员专业素质和生产技能；能够减少集控自动化维护人员；能够充分发挥省、地调专业力量优势，有效提升变电站调度管理水平；能节省系统建设投资，减少运营维护成本，实现一专多能，不断提高劳动效率；能确保实现运行集约化、应用分布化、维护一体化、管理扁平化，适应大运行体系建设的需要。

三、调控一体化管理模式

（1）调控一体化运行管理模式：调控中心＋运维操作站模式。即一个地区建设一个调控中心，负责与相关运维操作站进行业务联系，对该地区范围内多个变电站设备进行调度、集中监视和控制。按照合理作业范围和作业量设若干运维操作站，接受调控中心的指令，负责所辖无人值班变电站的运行维护、倒闸操作、事故及异常处理、设备巡视、设备定期试验轮换等工作。所辖变电站无人值班，调控中心 24h 值班，运维操作站少人值班。调度预令下到运维操作站，正式操作令下到变电站。

（2）调控中心。具备对所辖无人值班变电站内设备进行远方遥控、遥测、遥信、遥调、遥视等功能，负责与调度及相关运维操作站进行业务联系，对一个地区范围内多个变电站设备进行集中监视和控制。依靠调度 EMS 及电网自动化监控系统，对所辖变电站实现集中监控，具备对变电站相关设备及其运行情况进行"五遥"功能的监测控制中心。

（3）运维操作站。接受调控中心的指令，负责所辖无人值班变电站的运行维护、倒闸操作、事故及异常处理、设备巡视、设备定期试验轮换等工作。以某一变电站为点，以一定的可操作反应范围为界，负责所辖无人值班变电站的倒闸操作、事故及异常处理、设备巡视、设备定期试验轮换等全部运行工作。

（4）无人值班变电站。变电站内不设运行值班人员，运维操作站负责运行所管理的变电站。在运维站的管辖范围内，能够向调控中心上传相关设备及其运行情况的遥测、遥信、遥视等信息，具备接收并执行调控中心下发的遥控、遥调指令等功能，站内不设置固定运行值班岗位，由运维站负责完成运行工作的变电站。

四、调控中心设置原则

调控中心设置在生产、生活、交通、通信比较便利的地方。调控中心一般设置 4～5 个大班，每个班内都配置监控和调度员，每值不少于 5 人。一般调控中心应设置 2～6 个监控席位，可按电压等级或区域划分。

五、运维操作站设置原则

运维操作站的设置应充分考虑合理的作业量，一般以 10～20 座变电站设一个运维操作站为宜。

运维操作站的设置地点一般应选在管理无人值班变电站的中心区域，到达最远无人值班变电站的时间不宜超过 1h。

六、调控一体化对系统、设备的要求

电网具备自动化控制功能；电网稳定控制系统完善，可以进行远程自动或手动调控；变电站一、二次设备具备综合自动化功能，能够实现遥控、遥测、遥视和遥调功能；主站与站端通信系统建设完成；站端信息采集系统可靠；主站信息系统与站端信息系统接口匹配；监控站端信息库完善；站端采集信息与上送至主站的信息同步、一致。

1.1.3 调控一体化的业务

一、集中监控业务

集中监控的主要工作内容有设备状态监视、无功和电压调整、倒闸操作、异常及缺陷处理、事故处理、设备验收、报表及运行分析等。

二、电网调控业务

重点是提高电网实时运行的控制能力。在传统调度运行值班业务基础上，增加设备运行集中监控功能，同时拓展在线安全分析预警、实时计划优化调整和新能源实时预测控制等功能，全面掌控电网运行状态，实现调度运行从经验型向分析型、从单一运行功能到多功能、从事后被动型向事前主动型转变。

三、调度计划业务

重点保障调度运行计划的统筹安排。依托智能电网调度技术支持系统，细化负荷预测，统一开展省级以上主网日前发输电计划和检修计划的量化优化校核，实现电网运行结构的统一管理和电力资源的优化配置，提高各级调度计划精益化水平及安全风险预控能力。

四、运行方式业务

重点保障电网运行方式的统一管理。省级以上电网运行方式实行统一标准、集中计算、集中决策、统一制定，实现主网运行方式的统筹，拓展专业领域，开展过渡期系统校核计算，实现从规划电网到运行电网的全发展周期安全校核。

1.1.4 各级调控中心组织结构

一、国（分）调组织结构

国（分）调组织结构图如图 1-2 所示。

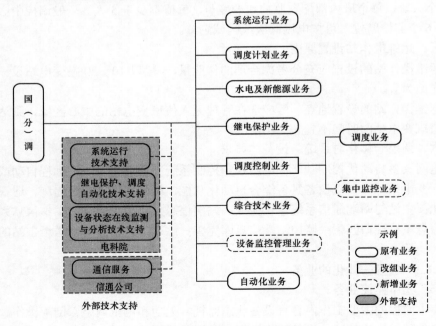

图 1-2 国（分）调组织结构图

二、省调组织结构

省调组织结构图如图 1-3 所示。

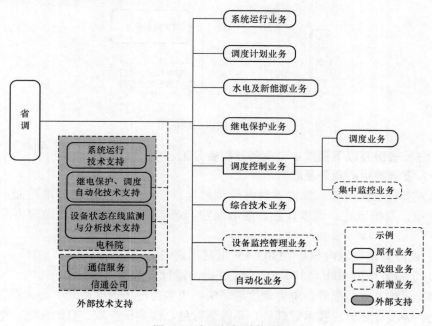

图 1-3　省调组织结构图

三、地调组织结构

地调组织结构图如图 1-4 所示。

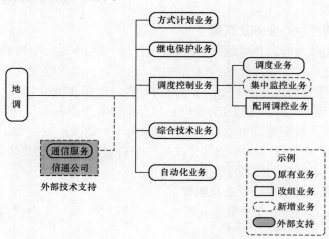

图 1-4　地调组织结构图

四、县调组织结构
县调组织结构图如图1-5所示。

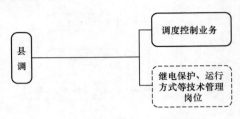

图1-5 县调组织结构图

1.1.5 省级及以下调控中心业务及职责分工

一、省调控中心业务及职责

（1）主要工作内容。负责省级电网调控运行，承担全省电网调度控制、变电集中监控、系统运行、调度计划、继电保护、通信、自动化及新能源等专业管理职责。

1）调度管辖省域内500（330）kV 电网，直调所辖电厂。

2）负责省域内500（330）kV 交流变电站运行集中监控业务。

（2）机构及人员配置。电力调度通信中心更名为电力调度控制中心。设置调度控制处、调度计划处、技术管理处、系统运行处、继电保护处、自动化处、电力通信处、设备监控管理处、综合管理处九个管理处室，人员编制129人。按照国家电网公司"三集五大"方案，新增设备监控管理处；将综合技术处分设为综合管理处和技术管理处；将调度处改名为调度控制处；设立新能源处，负责省内电网相关新能源业务。

二、地级调控中心业务及职责

（1）主要工作内容。负责地区电网调控运行，承担本地区电网调度控制、变电集中监控、系统运行、调度计划、继电保护、通信、自动化等专业管理职责。

1）调度管辖地域内220（110）kV 电网、馈供网和非统调电厂。

2）负责地域内220（110）kV 变电站运行集中监控业务。

（2）机构及人员配置。电力调度中心更名为电力调度控制中心。设置系统运行科、调度控制科、综合技术科、调度二次科四个科室以及地区调度班、地区监控班、配网调控班、自动化运维班四个班组。

三、县（配）调控中心业务及职责

（1）主要工作内容。负责县级（市区）66（35）kV 及以下电网调控运行、调度二次系统、信息系统运维业务。

1）调度管辖县域 66（35）kV 及以下电网。

2）负责县域内 66（35）kV 变电站及配网自动化相关设备运行集中监控业务。县调（配网调度）负责省域内 10kV 及以下，包括用户开闭所运行集中监控业务。

（2）机构及人员配置。电力调度中心更名为电力调度控制中心。下设调控运行班、二次系统运维班两个班组以及综合性管理岗位。

1.2　调控一体化前期准备

1.2.1　设备准备

调控一体化设备准备包括自动化系统设备安装、调试、接入完成，变电站无人值班改造完成。需要实现输变电设备状态在线监测的单位，应完成输变电设备状态在线监测系统完善和接入。自动化系统建设完成是调控一体化实施的充分和必要条件。完成高频保护信号远程交换、软压板远程投退、保护信号远程复归等功能，实现变电站至调控中心的远动双通道，扩充变电站图像监控等辅助系统的通道带宽，对调控中心视频监控系统进行预置位调试、图像联动等。

一、自动化系统

（一）自动化系统基本结构

自动化系统包括主站、终端/子站、通信系统、智能技术支持系统。配电自动化系统基本结构如图 1-6 所示。

（二）自动化系统组成及基本功能

（1）自动化系统包括调度自动化系统、地理信息系统、故障报修系统、营销管理系统、负荷管理系统、变电站信息采集与监测系统、企业资源管理系统等。

（2）自动化系统主要实现电网信息采集与监视（SCADA）、馈线自动化（FA）和电网分析应用等功能。

（3）自动化系统借助多种通信手段，实现数据采集、远方控制，通过就地型或集中型馈线自动化，实现故障区段的快速切除与自动恢复供电。通过信息交换总线与外部系统进行互连，整合电网信息，外延业务流程，建立完整的电网模型，扩展和丰富电网自动化系统的应用功能，支持电网调度、生产、运行以及用电营销等业务的闭环管理。可以扩展对于分布式电源/储能/微电网等接入。通过电网分析应用软件，实现电网的自愈控制和经济运行分析，实现与上级电网的协同调度以及与智能用电系统的互动。

（三）自动化常用术语和定义

自动化常用术语和定义见表 1-3。

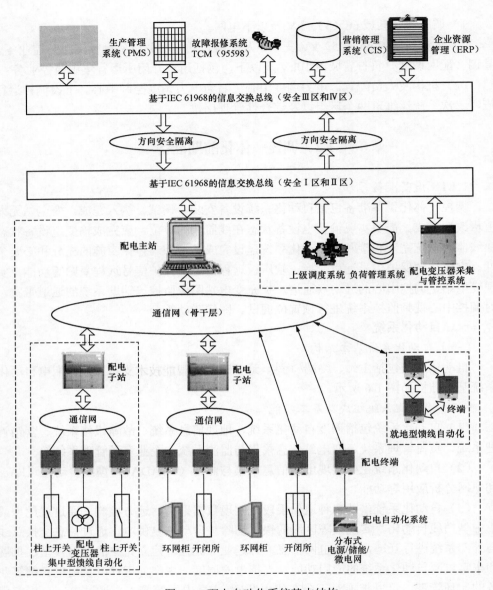

图 1-6　配电自动化系统基本结构

表 1-3　　　　　　　　　　　　自动化常用术语和定义

序号	术　语	定　　义
1	电网 SCADA	电网 SCADA 是电网调控人员使用的实时监控系统，通过人机交互，实现电网的运行状况监视和远方控制等功能

序号	术 语	定 义
2	自动化系统 DAS	实现电网的运行监视和控制的自动化系统,具备电网 SCADA、馈线自动化等功能。主要包括电网自动化主站、子站、终端和电网通信系统
3	馈线自动化 FA	实现馈线故障定位、隔离和非故障区域自动恢复供电的功能
4	生产管理系统 PMS	生产管理系统是以资产管理为核心,贯穿输电、变电和配电生产全过程的一体化生产管理信息平台,包括设备台账管理、工作计划、运行记录及日志管理、检修试验、缺陷管理、两票管理、退役管理等业务功能模块
5	信息交换总线	基于 IEC 61968 接口标准的信息总线,支持不同应用系统之间的集成,实现跨部门、跨系统、跨安全区的工作流程及信息共享,具有标准性、安全性、可靠性和便捷性
6	综合数据平台	基于数据库技术,遵循 IEC 61970 CIM/CIS 的公共信息交换机制,实现数据的共享,并在此平台上实现数据的综合分析和展示
7	电网调控一体化技术支持系统	电网调控一体化技术支持系统是集电网运行实时监测、远方设备遥控操作、调度作业管理、电网分析应用等主要功能为一体,实现电网调度和控制一体化的生产运行系统

二、调控中心主站监控系统

（一）总体要求

系统应满足安全、可靠、开放、实用原则及相关技术标准,并基于冗余网络环境,采用分布式体系,实现功能分布和处理分布。

（1）安全性。系统操作失败或系统有缺陷,不能导致一次系统事故及二次系统崩溃。应有可靠的安全防护措施,能最大限度地阻止外部对系统的非法侵入,有效地防止以非正常的方式对系统软、硬件设置及各种数据进行更改等操作。系统应具有完善的权限管理机制,防止未授权用户非法访问系统、非法获取信息或进行非法操作,确保数据信息的安全。

（2）可靠性。系统的重要单元或单元的重要部件均需冗余配置,通过自动切换功能实现硬件设备之间的功能后备,保证系统功能的可用性不受单个设备故障的影响。系统应实现故障节点快速定位和有效隔离,切除故障应不影响其他各节点的正常运行。硬件设备应具有可靠的质量保证和完善的售后服务保证。投运软件应是经过测试、稳定可靠的版本。

（3）开放性。系统应采用开放的体系结构,能提供实时、多任务和多用户的运行环境,具备完善的跨平台能力。功能模块之间的接口标准支持用户应用软件的二次开发,保证能与其他系统互联和集成一体,或者方便实现与其他系统间的接口,并能提供一些其他开放式环境。

（4）可扩展性。系统应支持功能和容量扩充的在线升级,且不受原有设备和操作系统软件的限制。

1）系统容量可扩充。包括系统节点、厂站接入数量、数据库容量，实现系统整体设计、分步实施要求。

2）系统功能可扩充。可增加新的功能模块，以满足电网监控与运行管理不断发展的要求。

（5）可维护性。系统维护应遵循简单、方便、易用原则，包括硬件系统、软件系统、运行参数三个方面。系统应具备图模库一体化技术，方便系统维护人员画图、建模、建库，保证三者数据的同步性和一致性。系统应具备系统维护诊断工具和事件报警，使维护人员能迅速准确地进行异常和故障的定位，并具有完整的事件记录，方便事后原因分析。

（二）系统结构

系统网络应采用局域网交换技术，由后台局域网及前置局域网的二层结构组成，双网冗余配置。系统后台局域网宜采用千兆双以太网结构，位于安全Ⅰ区，配置SCADA服务器、历史数据库服务器、监控工作站、维护工作站等。前置局域网宜采用百兆双以太网结构，用于接入前置采集服务器、终端服务器。

（1）硬件配置。实时数据采集子系统、实时数据服务子系统、历史数据服务子系统、监控工作站子系统、运维操作站子系统、系统维护管理和开发子系统、时钟同步子系统、网络设备子系统、辅助设备、运行环境要求。

（2）软件配置。系统软件（各服务器/操作系统、开发工具、各种应用库、程序调试工具及编程支持工具、提供各种开发工具的文本资料、配置商用关系型数据库）、支撑软件、采用中间件的应用平台、基于 IEC 61970 CIM 的数据库中间件平台、图模库一体化平台、数据库管理、通信接口软件。

（3）设备组屏原则。系统的所有服务器、工作站及网络设备（包括安全防护设备），原则上应安装在标准计算机柜内。屏柜应配置防雷设施、空气开关、电源接线端子及网络配线模块，满足双电源接入要求，设备集中组屏。历史数据库屏 1 面，SCADA 服务器屏 1 面，前置服务器屏 1 面，数据采集屏 2～4 面，工作站屏 1～2 面，网络配线屏 1 面，数据网屏 1 面，具体数量视工程需要而定。

（4）SCADA 功能。包括数据采集、数据处理、控制与调节、责任区管理与信息分层、告警处理、事故追忆（PDR）、光字牌处理、事件顺序记录（SOE）、趋势曲线、拓扑着色、系统时钟、历史数据管理、报表管理、计算和统计、人机联系、图形显示、图形绘制。

（5）变电站运行信息在线处理高级应用功能。可根据各类变电站运行信息的重要性对信号进行分类，将每个信号都进行定义，标注重要等级，保护动作和事故变位信号应优先处理。告警显示窗口由多个页面组成，包括时序信息、事故信息、故障信息、越限信息、操作信息、一般信息、检修信息、未复归告警信息等，事故信息优先处理，每个页面能由用户根据需要激活或关闭。

（6）防误操作。系统应具备基于网络拓扑的防误操作功能，该功能可根据需要进行人工投入/退出设置。

（7）区域无功电压优化控制（AVC）。AVC 应能够作为主系统独立运行，也可以作为子系统配合调度系统运行。功能要求：实现全电网最大范围的电压合格，实现全电网电能损耗最小，实现全电网设备动作次数尽可能少。系统控制模式分为开环、闭环和监视，并可对系统、厂站、监控母线、调压设备分级设置。AVC 对电网无功进行分层分区控制。

（8）外部主要通信接口。与调度系统的通信、与防误闭锁系统的通信、与其他应用系统的通信。

（9）系统性能指标。系统可用性、系统可靠性、信息处理指标、系统实时性、系统负载、存储容量。

三、无人值班变电站站端监控系统

变电站实行无人值班对系统总体要求：安全性、可靠性、开放性、可扩展性、可维护性。

1. 网络配置

站级监控层网络采用 100M 及更高速度的以太网。网络结构按分布式开放系统配置，网络拓扑结构灵活。220kV 及以上变电站网络应双重化布置，采用两个不同回路的直流电源供电，110kV 及以下变电站可以采用单网配置。

间隔级网络的传输速率应满足系统的实时性要求，采用标准的通信协议。网络的抗干扰能力、传输速率及传送距离应满足系统自动化功能要求，新建变电站宜采用 DL/T 860 系列标准。

2. 硬件配置

变电站监控系统的硬件设备由站控层设备、间隔层设备及网络设备组成。硬件设备应采用模块化结构和选用扩展方便、配套、运行维护的标准化系列化产品，必须具备抗强电场、强磁场、静电干扰能力，并应有防止雷电冲击和系统过电压措施。

（1）站控层设备。站控层设备按功能分后台计算机监控系统、保护及故障信息管理子站（保信子站）、远动通信装置、微机五防系统、GPS 对时系统以及公用信息工作站等。在 220kV 及以上电压等级的变电站，操作系统宜采用安全操作系统，如 Unix 或 Linux 等安全操作系统。

1）后台计算机监控系统。按功能分为主机和操作员工作站两部分。主机为站控层数据收集、处理及存储的中心，管理和显示有关的运行信息，供运行人员对变电站的运行情况进行监视和控制。间隔层设备工作方式的选择，应能实现各种工况下的操作闭锁等逻辑。操作员站能提供站内自动化系统的人机界面，用于图形及报表显示、事件记录及报警状态显示和查询，设备状态和参数的查询，操作指导，操作控制命令的解释和下达等功能。通过操作员站，运行人员能够实现全站设备的运行监视和操作控制。

110kV 及以下变电站宜采用主机、操作员站一体的单机配置。220kV 及以上变电站主机应采用双机冗余配置并兼操作员工作站功能。自动无功电压控制（VQC）机、五防机、保护工程师站根据运行管理需要，可以各自配置一台计算机，或将几个功能合在一台计算机上实现。

2）保护及故障信息管理子站。在 220kV 及以上变电站应配置保护及故障信息管理子站（保信子站）。保信子站宜采用嵌入式装置化产品，信息的采集、处理和发送不依赖于后台机。330kV 及以上变电站保信子站应采用双机配置，互为热备用工作方式。

3）远动通信装置。220kV 及以上变电站的远动通信装置应双机配置，采用互为热备用或双主机工作方式。一台设备发生故障切换时，应向各级调度和主机发送切换报警信息。远动通信宜采用基于工业控制的 32 位及以上多处理器通信装置，嵌入式操作系统，无风扇、硬盘等转动部件。

4）微机五防系统。微机五防系统主要包含五防主机、五防软件、电脑钥匙、充电通信控制器、编码锁具等，实现面向全站设备的综合操作闭锁功能。在防误闭锁装置相关二次回路信号采集比较完善，且设备自动化控制程度较高的变电站，可以不单独配置五防主机、电脑钥匙及锁具等相关设备，在后台系统和测控装置上完成防误闭锁逻辑处理。在保留锁具与电脑钥匙的监控系统中，五防主机与五防软件可以单独配置，也可以与监控后台机一体化配置。

5）GPS 对时系统。它是为故障录波装置、微机保护装置、测控装置和站控层设备等提供统一时间基准的系统。220kV 及以上变电站的 GPS 应采用双源配置。

6）公用信息工作站。公用信息工作站应组屏，应配置足够数量的通信接口与保护信息收集子站、直流系统、直流绝缘检测装置、直流电池巡检装置、电能量采集装置、微机消谐装置、小电流接地选线装置，以及消弧线圈自动调谐装置等。

（2）间隔层设备。在 35kV 及以下等级的间隔中，除主变压器部分，间隔层设备一般采用保护测控一体化的四合一装置。其他单元间隔的测控装置宜独立配置。35kV 以上电压等级的间隔中，全部采用保护和测控分开的独立装置。单元测控装置应严格按对象配置，按电气单元即线路、变压器、母联、母线设备等对象进行一对一配置，并必须满足电气单元测控容量的需要。单元测控装置的数据要求分别直接传送给主机、远动通信装置。

（3）网络设备。网络设备应包括站控层和间隔层网络的通信介质、通信接口、网络交换机、路由器等。

3. 软件配置

变电站监控系统的软件由系统软件、支持软件和应用软件组成。系统软件包括实时操作系统，设备诊断程序，调试、整定、实验软件和实时数据库。支持软件包括通用和专用的编译软件及其编程环境，管理软件（如汉化的文字处理软件、通用的制表软件和画面生成软件、数据采集软件等），人机接口软件，通信软件等。应用软件应满足本系统所配置的全部功能的要求，采用结构式模块化软件，功能软件模块或任务模块应具有一定的完整性、独立性和良好的实时响应速度。

（1）系统软件。SCADA 功能包括数据采集、数据处理、控制与调节、告警处理、事故追忆（PDR）、光字牌处理、事件顺序记录（SOE）、趋势曲线、拓扑着色、系统时钟、历史数据管理、报表管理、设备挂牌、用户界面、图形显示、图形绘制。

（2）应用软件。

1）自动无功电压控制（VQC）。对主变压器分接头、电容器、电抗器进行调节。

2）防误操作。依托全站的信息采集，防误闭锁的逻辑应完整、正确，适应各种运行工况。遥测数据应能作为闭锁的逻辑判断。对于电动隔离开关，远方及就地操作均应具备闭锁功能，相对应的间隔层设备应输出足够的独立"分/合"闸接点及闭锁接点。

系统能根据运行需要在间隔层设备上进行选择，对单个对象进行"闭锁/解除闭锁"的操作。具有操作票专家系统，利用计算机实现对倒闸操作票的智能开票及管理功能，能够使用图形开票、手工开票等方式开出完全符合"五防"要求的倒闸操作票，并能对操作票进行修改、打印。

站控层和间隔层 I/O 测控单元，应具有软件实现全站电气防误操作的功能，该软件对运行人员的电气设备操作步骤进行监测、判断和分析，以确定该操作是否正确。计算机监控系统或独立的五防主机通过通信向电脑钥匙传送操作票，对于手动操作设备，应通过配置机械编码锁完成防误闭锁功能。闭锁逻辑应经运行单位确认，闭锁条件应满足初期和最终规模的运行要求。

3）程序化控制。程序化控制应能对电动设备实现批量控制操作，一个程序化控制任务为一组有关联的多个设备控制操作，操作任务由监控中心或当地后台计算机下发，远动机或间隔层装置完成。

功能要求：控制过程需进行防误闭锁判断，能投退保护软压板，给出操作过程的失败原因，支持程控配置的远程在线维护，包括参数上传与下载，能对程控参数完整性进行校核，每个控制对象同一时刻只允许以一种方式（一个批命令）控制，同时收到两条及以上命令或与预操作命令不一致时，不执行并发"错误"告警。为防止程序化控制过程中出现各种异常情况，在操作过程中系统应提供暂停、继续以及紧急停止、取消操作等中断功能。监控后台系统需提供程序化控制的预演功能。

（3）支持软件。

1）外部接口。包括与调度系统及监控主站系统的通信、与站内保护及智能装置的通信、与防误闭锁系统的通信。

2）系统性能指标。系统可用性、系统可靠性、信息处理指标、系统实时性、系统资源、存储容量都应满足要求。

四、终端/子站

这里以配电终端为例作简要介绍，主网可参照进行。

（一）配电终端

配电终端主要指用于开关站、配电室、环网柜、箱式变电站、柱上开关、配电变压器、线路等配电设备的监测和控制装置。配电终端应采用模块化设计，具备较高的稳定性、可靠性、可扩展性及维护的方便性。

配电终端的配置应满足相应要求，配电终端的功能应能适应不同可靠性、不同接线方式的一次网架。故障隔离和恢复供电方案应充分考虑不同一次设备的特点。

1. 基本功能

配电终端必须满足相关标准和要求，同时应具备以下功能：线路和设备的状态信息采集；事件记录；应能够记录线路的故障状态、断路器动作信息，形成事件记录；能进行数据存储；应能够将事件记录存储在装置中，对具备遥测功能的终端，应具备负荷曲线存储能力；远程通信。以串口通信方式通信的终端，需采用 IEC 60870-5-101 或 CDT 协议。采用以太网方式通信的终端，需采用 IEC 60870-5-104 协议。支持当地及远方对终端校对时间；具有远程维护、自诊断等功能；对同时采集多条线路或断路器的终端，应具备容量扩展能力。

2. 扩展功能

配电终端应具备基本功能，并按照不同的应用场合，能够扩展其相应的功能。

1）应用于开关站时，采集开关站进/出线电流、母线电压，具备就地/远方控制功能。能够提供至少使断路器分闸、合闸各一次的备用操作电源。新建及改造的开关站，宜采用保护测控合一的综合自动化方式实现相应功能。

2）应用于配电室、箱式变电站时，能采集配电室进线电流、配电变压器低压侧电压、电流。在条件具备的情况下，可采集进线三相电压及电能表电量，为线损管理提供依据。具备无功补偿功能的终端应满足《国家电网公司电力系统无功补偿配置技术原则》的要求。应用于环网联络点的终端应具备遥控功能。

3）应用于环网柜时，能区分线路相间、单相接地等故障。可根据一次设备的现状，安装具备线路保护的终端。其技术性能应满足 GB/T 14285—2006《继电保护和安全自动装置技术规程》或其他微机保护技术导则和技术条件的要求。

4）应用于柱上断路器时，能采集线路的电压、电流信息。对具备零序电流互感器的断路器，终端宜有采集线路零序电流，并有提示单相接地故障信息的能力。应能区分线路相间及单相故障。对用户支线断路器，可安装具备线路保护及重合闸功能的终端。

5）应用于柱上配电变压器时，能采集配电变压器低压侧的三相电压、电流信息及电量信息。在条件具备的情况下，可扩展配电变压器高压侧的数据采集，为线损管理提供依据。对安装无功补偿装置的配电变压器，应具备电压无功就地自动控制的功能。其技术性能应满足《国家电网公司电力系统无功补偿配置技术原则》的要求。

6）应用于架空线路时，能够区分故障相别。具备通信电源，具备信息重传能力。

7）应用于分布电源/储能装置/微电网接入点时，能根据潮流方向及短路电流水平，实现保护定值自适应功能。具有电能质量监测能力、同步采样、孤岛及并网运行监控功能，适应分布电源和自然能源即插即用的灵活接入方式。

（二）配电子站

配电子站放置在变电站或开关站中，负责该站供电区域内的配电终端的数据集中与转发。按功能需求分为通信汇集型子站和监控功能型子站。配电子站功能应满足 DL/T 814—2002《配电自动化系统功能规范》的相关要求。

（1）通信汇集型子站基本功能。应具有终端数据的汇集与转发、远程通信、终端通信故障检测与上报、远程维护和自诊断能力。

（2）监控功能型子站基本功能。具备通信汇集型子站的基本功能。在所控制的配电线路范围内发生故障时，子站应具备自动故障区域判断、隔离及恢复非故障区供电的能力，并将处理情况上传给配电主站。同时应具备信息存储、人机交互功能。

（三）终端/子站电源配置要求

配电终端/子站应配置高可靠、宽范围的供电电源，根据一次设备配置情况，合理配置终端电源的输入/输出方式。电源配置应按照下述方式进行：

（1）站内配电终端/子站应支持 110V/220V 直流电源的接入。若站内不能提供直流电源，则应采用 220V 交流供电，同时根据站内断路器的操作电源的种类，配电终端需提供 24V/48V 蓄电池作为备用电源及断路器的操作电源。

（2）户外配电终端可采用电压互感器供电，也可采用电流互感器供电方式。采用电压互感器方式供电的终端，应支持双路 110V 或 220V 交流输入。若终端具备控制功能且断路器为直流操动机构，终端需配置备用电源并提供断路器操作电源。

（3）对应用于配电变压器的配电终端，电源供电方式应采用低压三相 220V 交流输入。

（4）在通信设备与配电终端一体化设计的场合，配电终端应能提供通信设备的24V/48V 供电电源。

（5）对采用蓄电池作为备用电源的终端，应能够采集电池电压，并具备蓄电池维护管理功能。

（四）通信系统

配电通信网的建设应综合考虑配电自动化、计量、用户用电信息采集等系统的多种需求，统一规划设计，提高基础设施利用率。配电主站与配电子站之间的通信网络为骨干层，配电主站、子站至配电终端的通信网络为接入层。

1. 基本要求

（1）骨干层通信网络原则上应采用光纤传输网，在条件不具备的特殊情况下，也可采用其他专网通信方式作为补充。骨干层通信网络应采用 IP 技术体制，具备动态路由迂回能力，有较高的生存性，在满足有关信息安全标准前提下，可以采用 IP 虚拟专网方式。

（2）接入层通信网络应因地制宜，采用多种通信方式相结合的原则组建，可采用光纤专网、配电线载波、无线等多种通信方式。

（3）应建立配网通信综合接入平台，实现多种通信方式统一接入、统一接口规范和统一管理。

（4）应建设配网通信综合网落管理系统，实现对配网通信设备、通信通道、重要通信站点的工作状态统一监控和管理，包括拓扑管理、故障管理、性能管理、配置管理、安全管理等功能。

（5）应支持以太网、RS232/RS485/RS422 等接口，并能提供标准网关接口，支持本地网关和远程网关。

2. 通信方式

配电通信网应采用多种通信方式相结合的原则，对于需要实现馈线自动化的区域宜采用光纤专网通信方式。对于实时性、可靠性要求较高的具备遥控功能的配电终端，优先采用专网通信方式，采用公网通信方式时必须符合相关安全防护规定要求。

（1）光纤专网。光纤专网通信方式可应用到所有类型的配电自动化系统，宜选择以太网无源光网络、工业以太网等光纤以太网技术。

（2）配电线载波。配电线载波通信技术是光纤专网通信方式的补充，配电线载波通信系统使用频率、发送功率和组网方式等应符合相关规定。

（3）无线专网。选用适合配电自动化的技术成熟、符合标准、具备开放性和安全性的无线专网技术。

（4）无线公网。无线公网通信方式以 GPRS/CDMA/3G 通信方式为主，可用于不需要遥控功能的配电自动化终端通信需求，应用时应符合电监会《电力二次系统安全防护规定》相关要求。

（五）馈线自动化

1. 馈线自动化实施条件

对实行馈线自动化的区域，相关配电线路及设备应具备以下条件：具有负荷转供路径和足够的备用容量，满足故障情况下负荷转移的要求；断路器设备应具备电动操作机构，可通过终端进行远程或就地控制；能提供断路器备用操作电源，在线路失电后，能够进行分、合闸操作；能够提供保护级电流互感器。

2. 馈线自动化类型及功能

馈线自动化需在变电站出线保护配合下进行。根据不同区域供电可靠性的不同要求，馈线自动化方案可以采取就地型和集中型模式。

五、智能技术支持系统介绍

以配电网为例，主网要求与配网基本一致，但性能要求比配网更高一些，各项技术指标取最高值。

（一）智能技术支持系统功能要求

为满足实施调控一体化管理对技术支持体系的需求，智能技术支持系统应按照"统一平台、统一标准、统一设计、统一开发"的原则，统一电网调控一体化技术支持系统功能标准，确保电网生产运行的安全可靠和经济高效。

（二）总体功能框架

总体功能框架如图1-7所示。

（三）功能描述

1. 数据采集与处理

（1）模拟量与数字量采集。对电网设备的电流、电压、有功、无功、功率因数、电量等模拟量及数字量进行采集。

（2）状态量采集。对电网设备（包括断路器、配电变压器、故障指示器、分布式电源/储能/微网设备等）的断路器分合、保护动作和异常信号、故障信息、配电终端状态和通信通道状态等进行采集。

（3）数据处理。对采集数据进行计算分析（包括有功功率总加、无功功率总加、有功电能量总加、无功电能量总加等）和工程化处理。

（4）视频监视。根据需要，可实现对相关配电网设备及周边运行环境的视频监视。

2. 事件及告警处理

通过自动调图、语音提示等手段，对配电网的各类事件/事故进行报警，并可实现对事件/事故的自动记录、定位、事故追忆。

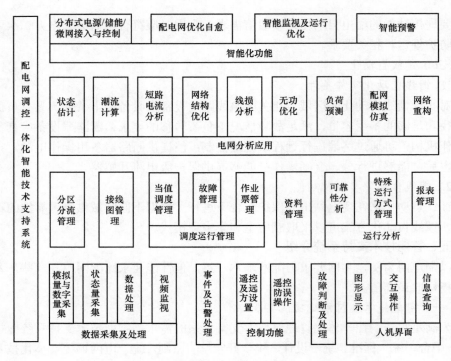

图 1-7　总体功能框架

3. 控制功能

（1）遥控及远方设置。具备受控条件的断路器（包括用户侧专用变压器）实现分合控制，可实现保护及重合闸远方投停（退）、程序化控制。

（2）遥控防误操作。遥控操作时具有"五防"的防误闭锁功能。

4. 故障判断及处理

（1）具备馈线自动化条件的电网。以电网终端发出的故障信息作为判断依据，自动确定具体的故障区段，并生成故障区段的隔离及非故障区段的恢复供电方案，可自动或经调度员确认后执行操作。在发生多点故障时，可对同时发生的多个故障进行判断和处理。设备具备在线监测手段时，系统生成网络重构方案时应评估其状况。

（2）不具备馈线自动化条件的电网。根据故障停电设备的保护动作、故障指示器动作和主网/配网 SCADA 等信息，并结合 95598、用电信息采集系统等信息，综合判断故障区段，并辅助生成对故障区段的隔离，以及非故障区段的恢复供电方案，经调度员确认后执行操作。在发生多点故障时，可对同时发生的多个故障进行辅助判断和处理。配电设备如具备在线监测手段，系统生成网络重构方案时应评估其状况。

5. 人机界面

（1）图形显示。电网调控一体化系统的图形界面主要包括电气接线图、曲线图及其他图形。电气接线图能以地理接线、全网接线、联络接线、站内接线及单线等方式分别显示，电网各类运行信息在接线图上显示。电气接线图实现多图显示、相互定位、视图缩放、漫游、量测、导航等基本功能，并可对电网设备、地理对象等进行查询定位。根据需要，提供数据曲线图、饼图、柱状图等其他图形。

（2）交互操作。在人机界面实现遥控、人工置位、报警确认、挂牌、临时跳接线（弓子线）等操作，并具备相应的安全约束条件。

（3）信息查询。查询事件、停电、故障、挂牌、设备、预警、分布式电源/储能/微网等信息，并可进行图形定位。根据需要，可以自定义条件进行查询。

6. 分区分流管理

可以将监控对象划分为不同的责任区域（按电压等级、供电区域等），并与权限管理相结合，确定调控人员的调度、监控职责范围，防止越权操作。按照责任区的划分进行信息分流，对各自责任区的事项及告警进行确认和处理。

7. 接线图管理

实现对配电网接线图变更的闭环流程管理。调度人员在审核确认的过程中，可以对变更前后的电网接线图进行比较，能明显标识拓扑、位置和差异信息，自动记录变更前后的差异。审核确认后，自动更新电网接线图。条件具备时可实现电气接线图从 GPS 定位导航系统导入功能。实现电源点追溯、供电/停电范围分析、动态着色等功能，支持接线图打印、输出。

8. 调度运行管理

（1）调度待办事项。当值调度待处理的业务工作，主要包括申请的审批及执行、工作票、指令票、故障处理、新设备投运、保供电、接线图变更的审核/发布、方式变更等。可对当值需要处理的所有业务进行查询、提醒和处理。

（2）调度日志。当值调度以时序事件形式记录业务处理记录，包括停送电操作、故障处理、新设备投运、运行方式变更、操作票/指令票等信息，也可由系统根据当值处理情况自动记录。交接班时，可根据本值未处理完成的记录和需交待下一班的事项等内容，自动形成交接班记录。

（3）运行日报。对电网运行的异常及故障情况、负荷、电量等信息进行统计分析，形成运行日报。

（4）故障管理。实现故障查找、故障隔离、故障抢修、恢复送电、故障分析的闭环管理，并可利用相关系统提供的信息进行辅助判断及处理。

根据故障处理的不同阶段自动分析停电信息，同时在接线图上实时显示故障停电区域。结合相关系统的应用情况，可实现抢修工单下达、事故应急抢修单报送、安全措施布置、抢修车定位、95598 工单关联、现场抢修管理、现场验收、恢复送电等流程化管理。

（5）申请单管理。包括停电申请、带电作业申请、新设备投运申请、临时停电申请等。申请单的填写、审核、审批、执行实行流程化处理。可通过停电范围分析和转供电分析等辅助功能，合理安排停电计划，减少重复停电。停电范围的分析结果包括影响的多电源用户、停电用户、重要用户、保供电用户、短时停电用户、缺陷设备以及可能涉及的分布式电源/储能/微电网等信息，并为相关部门及时提供配网停电信息。

（6）工作票管理。工作票填写、审核、签发、许可、延期、变更、终结、评价、统计实现流程化管理，并与申请单、现场勘察单、指令票等关联。能实现工作票许可开工后，在接线图上展示工作票涉及的作业范围，标记工作票所列的接地线位置。工作流程结束后自动撤销作业范围展示和接地线标记。

（7）指令票管理。指令票实现智能图形开票功能，根据操作步骤进行模拟操作分析，对是否带负荷拉合刀闸、带电挂地线、带地线送电、合环等情况进行判断并予以提示。指令票的填写、审核、执行过程实现流程化闭环管理。接线图上的设备状态可根据指令票的实际操作步骤进行相应变更，同时通过拓扑分析操作对影响范围进行动态着色。

（8）操作票管理。操作票实现智能图形开票功能，操作票的填写、审核、执行过程实现流程化闭环管理，接线图上的设备状态可根据操作票的实际操作步骤进行相应变更。

（9）客服信息管理。实现数字化处理客户供电方式及停电信息，在配网运行方式变更、配网故障时应自动将用户供电电源变更情况和停电信息通过短信、电话、Web 发布、报表等方式通知给相关用户、运行维护单位及其他相关人员。与 95598 实现良好互动，对 95598 反馈的停电信息可区分已知停电信息（计划停电信息、故障停电信息等）、未明停电信息，为故障处理提供辅助判断。

9. 资料管理

具备调度、自动化、通信、运行、继电保护等资料的电子化管理功能。

10. 运行分析

（1）可靠性分析。可以进行线路和电网的可靠性数据统计，并对停电事件进行供电可靠性分析。

（2）特殊运行方式管理。对电网的特殊运行方式（包括非正常运行、保电、故障、临时等方式）进行分析管理，根据电网的实际情况制定运行方式调整方案。可调用接线图进行保供电（重要用户）预案、事故预案、限电（拉路）序位的拟定，可根据运行方式的变更进行预案调整及限电（拉路）序位变更提示。

（3）报表管理。对电网运行数据、异常及事故信息、调度日志、操作记录等信息自动生成报表，并具备编辑、存储、查询、打印等功能。

11．电网分析应用

（1）状态估计。利用实时量测的冗余性，应用估计算法来检测与剔除坏数据，提高数据精度，保持数据的一致性，为配网网架分析提供可信的潮流计算数据。

（2）潮流计算。运用潮流计算为电网运行方式的变更模拟、解合环操作、馈线自动化方案等提供技术支持手段，作为其他应用分析的基础。

（3）短路电流计算。具备各种运行方式下电网短路电流计算功能，并将计算结果用于检查保护特性和断路器遮断容量，为保护定值整定提供依据。

（4）网络结构优化。综合分析电网网架结构和用电负荷等信息，生成网络优化方案，并通过改变电网运行方式等相关措施，达到降低电网网损的目的。

（5）线损分析。通过实时或准实时覆盖全电压等级的电能量综合数据分析，实现分区、分线、分台区实时或准实时线损计算功能，将线损计算分析结果应用于降损决策，掌握电网的电能损耗。

（6）无功优化。根据电网电压、功率因数或无功电流等各节点实时参数，以各节点电压、功率因数为约束条件，形成无功优化方案，自动投切电容器、调整主变压器分接头。

（7）负荷预测。实现对电网母线负荷预测和小区域负荷预测。

（8）电网模拟仿真。实现模拟任意地点的各种故障情况，手动或自动进行故障分析处理。可任意改变运行方式，跟踪停电区域，分析导致区域停电的设备故障。可对复杂的配网倒闸操作和转供电方式进行模拟预演和仿真，分析各类操作对配网安全稳定运行的影响。

（9）网络重构。在实现馈线自动化的基础上，通过对故障前后电网进行网络拓扑和潮流分析，生成网络重构方案，指导故障区域的快速隔离和非故障区域的恢复供电，同时保证重构后的电网安全稳定运行，提高电网运行可靠性水平。

12．智能化功能

（1）分布式电源/储能/微网接入与控制。具备对分布式电源/储能/微网接入、运行、退出的互动管理功能，并提供相应的控制策略。

（2）配网自愈化控制。在实现馈线自动化的区域，根据电网所处的运行状态（紧急状态、恢复状态、异常状态、警戒状态和安全状态），通过一定的控制策略实施相应的控制，使得配电网从当前运行状态向另一种更好的运行状态过渡。通过智能电网终端之间的区域性判别，提出简化信息路径和适应线路拓扑更改的更加可靠的自主动作方案，快速隔离故障点、自动切除故障和恢复对未故障区域的正常供电。

（3）智能监视及运行优化。也称电网快速系统仿真（即 DFSM），根据综合采集到的实时、准实时数据源，进行综合数据分析技术，主动分析配电网的运行状态，快速发现配电网运行的动态薄弱环节，准确捕捉监控要点。

（4）智能预警。通过实时量测电网相关信息，结合气候、环境及自然因素，对电网运行状况进行趋势预测，评估电网安全运行水平，提出相应的安全预警及预防控制策略。

（四）主要性能指标

1. 容量要求

（1）实时信息量不少于 20 万点。

（2）历史数据保存周期不少于 3 年。

（3）WEB 浏览并发用户数不少于 200 个。

2. 冗余切换

（1）服务器、交换机等关键节点采用冗余热备用，冗余配置节点可手动和自动切换，切换时间小于 5s。

（2）冷备用设备接替运行设备的切换时间小于 5min。

（3）关键节点配置冗余电源，设备电源故障切换以及网络切换时无间断，对系统无干扰。

3. 可用性

系统在主要功能满足要求的前提下，还应满足以下性能指标：

（1）系统年可用率不小于 99.9%。

（2）系统设计寿命大于 10 年。

（3）系统中服务器、交换机等关键设备 MTBF 大于 17000h。

（4）系统应能长期稳定运行，在运行设备无硬件故障和非人工干预的情况下，主、备设备不应发生自动切换。

（5）由于偶发性故障而发生自动热启动的平均次数应小于 1 次/3600h。

4. 计算机资源利用率

系统在任何情况下，各计算机节点的 CPU 负载率必须满足以下指标：

（1）任何服务器在任意 10s 内，CPU 平均负荷率小于 35%。

（2）任何用户工作站在任意 10s 内，CPU 平均负荷率小于 35%。

5. 网络负载

（1）在任何情况下，系统骨干网在任意 5min 内，平均负载率小于 20%。

（2）双网以分流方式运行时，每一网络的负载率应小于 12%。单网运行情况下网络负载率不超过 24%。

6. 信息处理

（1）遥测量综合误差不大于±1.5%（额定值）。

（2）遥控量正确率不小于99.9%。

（3）遥控正确率100%。

7. 实时性

系统应快速响应电网事件，并至少满足下列指标：

（1）馈线自动化实现故障区域自动隔离时间小于1min。

（2）馈线自动化实现非故障区域自动恢复供电时间小于2min。

（3）遥控量从选中到命令送出主站系统不大于2s。

（4）数据采集服务器与SCADA服务器、应用工作站之间的数据传输延时应小于1s。

（5）公网数据采集服务器与SCADA服务器、应用工作站之间跨越正向物理隔离时的数据传输延时小于3s，跨越反向物理隔离时的数据传输延时小于20s。

（6）从断路器变位信息到达数据采集服务器到告警信息推出时间小于1s。

（7）从断路器变位信息到达公网数据采集服务器到告警信息推出时间小于20s。

（8）专网通信条件下开关量变位到主站小于10s。

（9）专网通信条件下遥测量传送时间小于20s。

（10）专网通信条件下事件顺序记录分辨率小于1s。

（11）公网通信条件下开关量变位到主站小于3min。

（12）公网通信条件下遥测变化传送时间小于3min。

（13）90%的画面调出时间不大于1s，其余画面调出时间不大于10s。

（14）事故推画面时间小于3s。

（15）画面实时数据更新周期为1～10s（可调）。

（16）系统时间与标准时间误差不大于1s。

六、无人值班变电站一、二次设备综合自动化改造

无人值班变电站改造，包括完善变电站一次设备遥控、遥调、遥视功能，尽量采用免维护设备。变电站二次设备完成系统信息及设备运行遥测量采集、上送，能够实现数据信息集中管理，能实现站端与主站信息系统规约相匹配。

七、输变电设备状态在线监测系统

完成输变电设备状态在线监测系统建设和接入。依托生产管理系统（PMS），建设输变电设备状态在线监测平台，并接入省、地调调控大厅。安装并接入电网重要输变电设备在线监测装置和雷电定位系统探测站，为输变电设备状态在线监测提供强有力的技术手段。

1. 变电设备在线监测装置

变电设备在线监测装置目前主要包括变压器（电抗器）油色谱在线监测装置、变压器绝缘综合在线监测装置（超高频局部放电、射频局部放电、顶层油温、铁芯接地电流）、断路器在线监测装置（电寿命、机械状态、储能机构状态）、避雷器在线监测装置（全电流、阻性电流），数据均已上传至在线监测中心变电设备综合监测平台。

2. 输电线路在线监测装置

电网输电线路在线监测装置，按装置类型目前有图像（视频）监测、导线温度、微气象、泄漏电流、导线覆冰、杆塔倾斜、导线弧垂、盐密、风偏、导线舞动、微风振动检测，输电线路在线监测装置数据已接入电网可视化综合监控平台。

3. 雷电定位系统

电网雷电定位系统应建成探测站、中心站以及雷电信息系统，监测范围应覆盖输电线路走廊地区。

1.2.2 人员准备

一、调控人员选配

每个省要配置省、地、县三级调控机构人员。省调调控人员必须是电力系统或相关专业毕业，具备大专及以上学历，并应从省公司系统范围调度运行、变电运行、监控、设备检修调试等人员中公开招聘选拔或择优划转。

地调调控人员要求是电力系统或相关专业毕业，具备大专及以上学历，并从本地区供电公司范围公开招聘、择优录取或从新分配学生中择优选聘。

二、调控人员培训

调控一体化组建初期，省调控中心应组织即将从事调控一体化运行值班工作的人员，通过集中授课、印发手册等形式对相关人员进行规章制度、工作流程、工作标准、规程规定、相关专业知识业务培训及持证上岗培训等岗前培训。按照分级管理的原则，上级调度机构负责对下级调度机构的调控员进行持证上岗考试，并履行报批审核程序。上岗考试重点考察调控员对调度运行模式、调度指令、调度业务联系等内容的掌握情况。未取得上级调度机构颁发的持证上岗资格，不得担任调控员。

（一）监控人员的技能培训要求

（1）监控人员培训内容。包括学习规章制度，了解所监控厂站设备结构、原理、性能、技术参数，熟悉设备运行、维护、倒闸操作方法和注意事项，进一步学习电网监控运行新理论、新知识、新技术，积极参与各类科技项目和管理项目。

（2）岗前培训。包括岗位认知、变电一二次设备、现场实践、监控技能、操作技能、调控系统应用技能、标准制度、岗前考核。

（3）常态培训。包括现场实践、技术问答、事故预想、反事故演习、技术讲课、监控员定岗考试。

（二）监控人员培训内容

（1）了解和掌握监控员岗位性质、主要工作内容，了解和掌握电网安全生产规程的相关内容，熟悉本级电网结构。

（2）了解和掌握电气一次设备基本原理、运行注意事项以及继电保护二次设备基本原理和装置功能，掌握变电站所用系统和辅助系统。

（3）掌握所监控各站的现场运行规程、一二次接线方式、负荷水平、正常运行方式、各类设备型号及关键指标，掌握所监控厂站保护及安全自动装置配置情况。

（4）掌握信号分类及监视分析、设备在线监测与分析、电压调整、倒闸操作、设备异常及事故判断处理、监控系统应用等各项实际操作技能。

（5）了解和掌握电网监控相关规程制度，以及信号监控分析、设备在线监测分析、电压调整、检修计划、新设备投运、设备异常事故处理、监控系统异常等各项监控业务工作流程。

（6）熟练掌握监控、调度业务中的联系、操作术语及工作流程等内容。

调控一体化实施以后，调控员培训应纳入常态化工作。调控中心应组织调控人员持续开展在岗培训工作，创造条件熟悉现场运行设备，不断提高调控人员运行专业技能。

1.2.3　物资准备

调控一体化业务与单一的调度业务、监控业务相比有很大不同，开展调控一体化业务之前需要进行办公设备和办公场地的建设。

一、办公设备

办公设备包括监控机、调度台、监控桌椅、省地调视频互联系统、调度大屏幕显示系统、触摸屏电话及相关辅助设施。

根据省地调联合演练、领导远程视察等实际需要，为省调调控室及所属地调调控室安装视频会议系统，实现省地调视频互联。为此，需配置 1 台会议系统用于组会及会议控制。省调调控室及所属地调调控室，各配置 1 套高清视频会议终端和 1 台交换机接入视频会议专网。省地调大屏幕显示系统可用来显示远端会场图像，远端会场声音由本地音箱进行扩音。

二、办公场地

实施调控一体化工作，调控室需要因地制宜进行改造，才能满足调度、监控人员在同一场所办公要求，并具备员工值班、休息、学习等功能。原省调调度室一般仅配置 5 个调度员席位。实行调控一体化之后，调控室应满足调度运行、在线安全分析、监控运行以及特殊时期大值班等功能需求。改造后的省调调控大厅最少应配置 15 个席位，包括 5 个调度席位、5 个监控席位和 5 个技术支持席位。地调调控室可参照省调调控室的设计布置，并结合本级调度调控业务量情况具体进行增减。

1.3 调控一体化运行管理

1.3.1 人员管理

一、调控中心监控人员管理

（一）监控工作职责

（1）负责接入调度监控系统的受控站的运行监视及规定范围内的遥控、遥调等工作。

（2）负责受控站的运行方式、设备运行状态的确认及监视工作。依照有关单位及部门下达的监视参数进行运行限额监视。

（3）按规定接受、转发、执行各级调度的调度指令，正确完成受控站的遥控、遥调等操作。

（4）负责与各级调度、现场运维人员之间的业务联系。

（5）按规定负责电网无功、电压调整和功率控制。

（6）发现设备异常及故障情况应及时向相关调度汇报，通知现场运维人员进行现场事故及异常检查处理，按调度指令进行事故异常处理。

（7）对监控主站系统监控信息、画面等功能进行验收。负责受控站新建、扩建、改造及设备检修后上传至监控主站系统"四遥"功能的验收及有关生产准备工作。

（8）当发生危及人身、设备或电网安全时，值班监控员可用遥控拉开关的方式将故障设备隔离，事后必须立即汇报调度并通知运维人员进行现场检查。

（9）电网需紧急拉路时，值班监控员应按值班调度员指令或按有关规程规定自行进行遥控操作。

（10）值班监控员每次遥控操作后，应汇报相关值班调度员，并告知现场运维人员。

（11）按规定完成各类报表的编制、上报工作。

（二）调控中心监控站长（地调调控中心设监控站长，省调控中心设监控处长，两者职责相同）岗位职责

（1）站长是监控站安全生产第一责任人，全面负责监控站安全经济运行和设备管理等工作。

（2）组织监控站人员认真执行上级的安全生产规定及要求，贯彻各项规章制度，对监控站人员生产过程中的安全和健康负责。

（3）组织做好监控站标准化建设，总结经验，提高运行管理水平。

（4）查阅生产记录，了解生产运行情况及设备状况，对监控站安全运行负责。

（5）组织监控站人员开展政治及业务学习，做好人员思想政治工作，经常性开展安全教育，落实全站人员的岗位责任制，制定并组织实施控制异常和未遂的措施。

（6）学习事故通报，吸取事故教训，参与监控站发生的事故、障碍调查，主持监控站异常分析，提出对策并执行，防止同类事故、障碍发生。

（7）根据上级要求开展春、秋季安全大检查及季节性等专项安全检查、安全性评价、危险点分析等工作，做好缺陷管理及督促消缺。

（8）组织监控站人员落实反事故措施及安全技术劳动保护措施。

（9）按照标准化管理及岗位规范要求，组织制定年、季、月和周工作安排，并督促实施。

（10）关心职工生活，监督搞好监控站建设，做到文明生产。

（11）健全监控站考核和激励机制，培养职工爱岗敬业精神。

（12）按时召开安全生产会议。

（三）监控站安全员岗位职责

（1）认真贯彻、执行上级有关政策、指令、规程及各种规章制度，完成各级领导交办的工作任务和上级下达的生产指标。

（2）在监控站站长领导下负责制订监控站培训计划，进行监控站安全技术管理、安全教育培训和考评工作，落实岗位安全责任制。

（3）全面掌控监控运行情况，不断改进监控站各项生产业务工作。

（4）负责制定控制异常和未遂的技术措施，并组织实施。负责开展监控站运行分析，对隐患、缺陷及时分析整改，制定防范措施并督促落实。

（5）负责监督、审核监控系统设备的缺陷处理，审核各种监控信号定义、分类工作。

（6）参与新建及改扩建变电站新设备接入监控系统的验收工作，核对新建及改扩建线路的名称和编号。

（7）负责监控站各专业报表、资料的上报和审核。

（8）负责监控站及所辖各变电站、各种设备、各专业技术资料的收集、整理，建立健全技术档案和设备台账。

（9）定期组织监控站各类人员的安规培训及考试，并将试卷留档备查，负责对新入厂人员进行安规培训，并组织考试。

（10）每年结合公司各类活动，制定相关活动方案及细则，明确活动目标，确保各项活动有组织、有落实。

（11）每月结合生产实际组织培训，每季度进行技术规程及调度规程考试，试卷留档备查。

（12）结合公司生产实际及监控站运行情况，每月组织召开安全运行分析会，负责维护本部门的安监管理系统。

（四）监控站值班长岗位职责

（1）监控值班长应在当值调度长的统一领导下开展监控工作。

（2）值班长是本值监控工作的负责人，负责当值的安全运行和维护工作。制订本值工作计划、注意事项、危险点分析、预控措施及人员分工。

（3）负责执行电网安全生产的相关规程、调度管理、监控管理等各种制度，确保电网及设备安全、稳定运行。

（4）掌握系统运行方式，负责监视所辖变电站的运行情况。

（5）配合各级调度机构进行所监控电网异常及事故处理，及时向运维站人员通知异常、事故信息，及时汇报相关单位。

（6）执行调度下达的电压曲线，做好电压监视工作，及时进行主变压器分接头调整或通知运维站进行主变压器分接头调整，保证电网电压等电能质量符合标准。

（7）做好监盘工作，负责对本值人员的监控工作进行监护、指导和培训。

（8）负责监控班相关报表、资料的上报。审查本值记录，组织好交接班工作。

（9）负责向运维站人员指派设备检查工作，核对电网设备运行信号，确保监控系统设备状态与现场设备一致。

（10）负责变电站接入监控系统的验收。

（11）根据监控信息校核制度和月工作计划，安排本值人员对变电站信息与监控后台信息进行核对，做好校核记录和错误信息上报工作。

（12）值班期间负责记录所监控输变电设备缺陷，并通知相关单位或部门进行消缺，做好记录，监视带缺陷设备运行情况。掌握所监控设备缺陷消除情况。

（五）监控站值班员岗位职责

（1）认真执行电网安全生产的相关规程、调度管理、监控管理等各种规章制度，确保电网安全、稳定运行。

（2）值班期间在值班长的带领下，对本值监控工作负安全监督职责。

（3）掌握系统运行方式，负责监视所辖变电站的运行情况，及时向运维站通知异常、事故信息，通知相关人员检查设备情况，并将异常情况汇报当值班长。

（4）执行调度下达的电压曲线，做好电压监视工作，及时调整主变压器分接头或通知运维站进行主变压器分接头调整，保证电网电压等电能质量符合标准。

（5）根据值班长安排做好监盘和监控后台机巡视工作。

（6）定期与现场人员核对电网设备运行信号，确保监控系统设备状态与现场设备一致。

（7）协助值班长做好当值期间的文明生产、交接班准备等工作。

（8）参与所辖变电站新、扩、改建工程相关设备接入监控系统的验收。

（9）保管好各类记录、钥匙、办公用品、生活用品等。

（10）认真填写各种记录，上报各类报表。

二、运维站人员管理

（一）运维站职责

（1）负责所辖变电站的倒闸操作。

（2）负责所辖变电站的设备巡视。

（3）负责所辖变电站的事故处理及异常处理。

（4）负责所辖变电站运行维护、设备定期轮换等工作。

（5）负责所辖变电站新、扩、改建工程以及检修设备的许可、验收。

（6）负责所辖变电站视频、安防监控系统的维护检查工作。

（7）负责管辖变电站文明生产工作。

（二）运维站工作标准

（1）认真贯彻执行上级颁发的法规、规程制度和条例，贯彻"安全第一、预防为主、综合治理"的方针，确保所辖无人值班变电站的安全运行。

（2）负责所辖无人值班变电站的倒闸操作、电压调整、事故、障碍、异常处理，并参加事故调查。

（3）对所辖无人值班变电站设备进行巡视、检查、维护、清扫和定期试验轮换工作。

（4）根据监控站、调度的通知、命令等对所辖无人值班变电站进行设备特巡、测温。

（5）接到监控员的异常、事故检查通知后，应尽快安排人员到现场认真检查、核实，检查前应做好安全措施和危险点分析预控措施。

（6）向监控站、各级调度汇报有关设备的异常、事故及相应的操作、隔离过程、结果。向监控站汇报变电站接收到检修工作批复、工作预通知、电网方式变更等。向监控站汇报变电站设备操作开始、终了时间和恢复供电的时间。

（7）配合监控站核对所辖无人值班变电站设备监控信息和运行方式。

（8）负责所辖无人值班变电站的设备缺陷管理，并按要求完成缺陷等报表的统计上报。

（9）开展所辖无人值班变电站季节性安全大检查等专项活动。

（10）根据监控站的命令恢复所辖无人值班变电站监盘工作。

（11）上报所辖无人值班变电站的月生产计划、材料计划。负责上报本站的技改、大修、房屋维修、绿化、文明生产建设计划。

（12）做好所辖无人值班变电站设备标识检查、修补，以及防小动物措施检查工作，保证一、二次设备标识齐全准确，电缆沟端子箱等封堵良好。

（13）负责所辖无人值班变电站新建设备的验收工作，并做好新投运设备的生产准备工作。

（14）管理所辖无人值班变电站的设备台账、资料、图纸、规程，填写各种记录报表，并建立设备技术档案。

（15）负责所辖无人值班变电站的工器具、仪表、备品备件、各种物资、固定资产、低值易耗品管理。

（16）对运维站人员进行岗位练兵及业务技术培训工作。

（17）运维站主班负责设备操作、异常、事故处理及各项现场检修、施工工作的许可、验收，辅班负责设备运行维护、巡视及检修、施工现场安全监督检查管理等工作。

（18）负责所辖无人值班变电站安防系统、火灾报警系统、生活水系统、消防设施等辅助设施的定期巡视、检查、维护。

（19）负责所辖无人值班变电站设备检修、施工期间的安全监督和管理。

（20）负责所辖无人值班变电站的精神文明建设，坚持政治学习制度、民主管理制度。

（21）负责所辖无人值班变电站两票管理。

（22）严格执行有关车辆管理的规定。

（三）运维站站长岗位职责

（1）站长是运维站安全生产第一责任者，全面负责运维站的各项工作。

（2）组织落实国家、行业有关法规、规程、制度，落实上级各种文件精神，组织好工作计划的落实，积极开展思想政治工作，确保职工队伍稳定。

（3）负责抓好班组建设，关心职工生活，落实运维站人员的岗位责任制。

（4）制定和组织实施控制异常和未遂的措施，组织本站安全活动，开展季节性安全大检查、安全性评价、危险点分析和预控等工作。参与所负责变电站事故调查分析，主持本站障碍、异常和运行分析会。

（5）定期巡视所辖变电站的设备，掌握生产运行状况，核实设备缺陷，督促消缺。

（6）组织新、扩、改建设备生产准备，并组织、参与验收。

（7）检查和督促两票、组织技术和安全等措施落实，检查设备维护和文明生产等工作。

（8）主持较大的停电工作和较复杂操作的准备工作，并现场指导把关。

（9）负责本站的交通安全管理。

（10）编制年、季、月工作计划，编制值班轮值表和设备巡视、维护周期表，并组织实施。

（11）负责做好运维站的其他工作。

（四）运维站技术员岗位职责

（1）在站长的领导下进行分管工作，负责运维站各项技术管理工作。

（2）负责组织运维站人员的学习、培训、考核工作，及时解决工作中出现的问题，协调好相关工作关系，落实各级人员岗位责任制。

（3）负责制定和组织实施控制异常和未遂的技术措施，不定期对缺陷进行分析，参加所辖变电站相关事故、障碍及异常处理和调查分析会。

（4）负责所辖变电站防误闭锁装置的管理。

（5）负责按月查阅审核相关技术记录，掌握设备运行情况，做好安全经济运行及电能质量分析工作。对分管工作定期进行监督检查，并提出考核意见。

（6）掌握设备运行状况，定期开展运行分析、设备缺陷分析、设备评价等工作。总结分析本月技术工作，对技术工作进行安排和指导。

（7）负责对运维站人员运行维护、倒闸操作、事故处理等方面存在的技术问题提出改进措施。

（8）当值班长不在岗时，在站长的安排下可履行其职责。在严重缺员的情况下可作为倒闸操作监护人。

（9）参加停电工作和复杂操作的监督把关，对存在问题提出整改意见并监督实施。对重大、复杂的倒闸操作进行危险点分析，制定防范措施，并监督落实。

（10）监督检查现场规程制度执行情况，负责组织编写、修改《变电站现场运行规程》。编写、修改、补充、完善所辖变电站的典型倒闸操作票及事故处理预案。

（11）负责编制年度、月度培训计划并组织实施。

（12）负责运维站各种技术资料的收集、整理、管理，建立健全技术档案和设备台账，及时填写有关记录。

（13）负责运维站各种技术报表的统计、报送。

（五）运维站安全员岗位职责

（1）协助站长工作，负责完成站长指定的工作。站长不在时履行站长职责。

（2）负责实施运维站安全管理、安全培训工作。按规定定期开展运维站安全活动。

（3）负责监督检查现场规章制度执行情况，对违章行为及时制止并提出改进意见、措施。

（4）负责对运维站人员在运行维护、倒闸操作、事故处理等方面存在的安全问题提出改进措施，并进行监督、检查。参加较大范围的停电工作和较复杂操作的监督把关，组织处理技术问题。

（5）制定所辖变电站反事故措施应急预案，编制审核所辖变电站施工"三措"

和施工方案，编制设备在正常及非正常运行方式下的措施。

（6）监督检查现场规章制度执行情况，严格执行"两票三制"，及时审核直管站工作范围内的"两票"。

（7）组织、参加事故及异常的调查分析。对事故及异常坚持"四不放过"的原则，做到站内人人清楚，制定切实可行的防范措施并监督执行。

（8）负责组织本站的安全分析会，做好危险点分析工作，加强职工的安全培训，考试合格率应达到100%。

（9）负责所辖变电站安全工器具的管理。

（六）运维站值班长岗位职责

（1）值班长是本值安全生产的第一责任人，带领本值人员做好值班工作，对本值各项工作负全面责任。

（2）负责带领本值人员严格执行电网安全生产的相关规程等有关规章制度、现场运行规程，确保人身安全和设备安全。

（3）抓好本值的现场培训工作，不断提高本值人员的业务技术素质。

（4）按调度指令和当值调度员通知，组织本值人员正确、迅速地进行所辖变电站倒闸操作和事故、异常处理，大型复杂倒闸操作时作监护人。

（5）负责审查本值所有工作票、操作票。

（6）组织本值人员认真进行设备巡视，及时发现设备缺陷，并按规定督促消除，使设备缺陷管理形成闭环。

（7）协助站长做好本值工作，完成站长安排的临时性工作，对本值人员的工作进行监督、检查，并向站长提出考核意见。

（8）参加设备大、小修及改、扩建工程的验收工作。

（七）运维站主值班员岗位职责

（1）对本值各项工作全面负责，认真执行电网安全生产的相关规程及有关规章制度、现场运行规程，确保人身和设备安全。

（2）服从值班长的领导，协助值班长做好本值的各项工作。在值班长的统一指挥下，带领值班员进行倒闸操作、运行维护及事故处理工作。

（3）负责审查本值所有工作票、操作票。

（4）负责设备巡视，发现问题及时汇报。

（5）参加设备大、小修及新、改、扩建工程的验收工作，并提出意见和建议。

（6）值班长不在时履行值班长职责。

（7）完成值班长安排的临时工作。

（八）运维站值班员岗位职责

（1）认真执行电网安全生产的相关规程，以及其他有关的各项规程制度、现场运行规程，不发生人员责任事故。

（2）负责巡视设备，发现问题及时汇报。

（3）在主值班员的监护下进行运行维护、倒闸操作及事故处理。

（4）在主值班员的指导下负责正确填写操作票及有关记录。

（5）根据有关规程制度的规定，对变电站有关设备进行试验检查。

（6）有权拒绝执行任何违犯规程制度的指令并报告上级。

（7）有权制止一切危及人身和设备安全的行为。

（8）完成值班长安排的临时工作。

1.3.2　业务管理

一、集中监控业务

集中监控的主要工作内容包括设备监视、无功电压调整、倒闸操作、异常及缺陷处理、事故处理、设备验收、其他（报表、运行分析）等。

1. 设备监视

监控员负责受控厂站设备的监视工作，主要包括事故、异常、越限、变位等信息。全面掌握各受控站的运行方式、设备状态、异常信号、主设备的负载、电压水平、故障处理等情况。发现监视信息异常时，汇报相关值班调度员，必要时通知现场运维人员加强现场巡视。

信号监视的重要性：设备监视是值班监控的主要工作之一，尤其在集中监控模式下，对几十个乃至上百个变电站进行监视，干扰信号多，对异常或事故信号稍有疏忽，就可能造成严重危害或后果。例如：主变压器的风冷全停信号未及时发现，对强油循环主变压器来说，可能造成急停、设备寿命降低或永久的损坏。变电站直流接地未及时发现并处理时，可能造成断路器误跳闸或断路器拒动，从而扩大事故范围。事故跳闸过程中未能查清具体信号，则可能对事故的性质产生错误判断。设备监视责任重大，监控员应熟悉异常告警信号的含义和采集接线原理，才能做好监控工作。

值班监控人员应检查以下内容：监控系统是否正常，数据刷新是否正常，母线、变压器、断路器、出线、电容电抗、站用变压器、交直流等遥测、遥信是否正常，一次设备遥信是否符合运行方式，二次设备是否有异常信号，信号动作次数、时间是否达到规定要求。

2. 无功电压调整

值班监控员负责受控站功率因数、母线电压的运行监视和调整。应根据调度下达的功率因数或电压曲线，投切变电站电容器、电抗器，遥控变压器分接开关，进行电压调整。

3. 倒闸操作

监控员可进行的操作有断路器远方遥控操作、远方调节变压器分接开关操作、受控站现场不具备操作条件的断路器远方遥控操作、需要值班监控员遥控执行的紧急事故处理等操作；对具备遥控条件的 10kV 线路重合闸、具备条件的程序化操作；事故情况下对主变压器中性点接地刀闸进行遥控操作；对母联备自投、过电流保护等软压板的遥控操作。

4. 异常和缺陷处理

（1）设备异常、缺陷处理。监控值班员发现设备异常信号时，应进行初步分析（如设备是否有工作、是否属于遗留缺陷），必要时通知运维人员到现场检查处理，同时加强对相关设备的监视。需要调度处理的，还应及时告知值班调度员。

运维人员在现场巡视、检查、操作时若发现设备缺陷，应按本单位设备缺陷管理流程进行处理。需要加强相关信号监视的，应告知值班监控员。发现异常或缺陷需要调度处理的，还应及时汇报值班调度员。

（2）监控系统异常处理。监控系统、变电站终端系统、信号传输通道等异常时，值班监控员应立即通知自动化专业人员检查处理。

监控系统发生异常造成受控站设备监控受限，或者受控站错误信号频发对全系统监控造成严重干扰的，应立即将该受控站设备监控职责移交给现场运维人员，并通知自动化人员处理。缺陷消除后，监控员应与现场运维人员核对站内信息正常后，将设备监控职责收回，并做好相关记录。

5. 事故处理

事故处理时值班监控员应做好以下各项工作：

（1）当受控站内电网设备发生故障跳闸时，应迅速收集、整理相关故障信息（包括事故发生时间、主要保护动作信息、开关跳闸情况及潮流、频率、电压的变化等），并根据故障信息进行初步分析判断，及时将有关信息向相关值班调度员汇报，同时通知运维人员进行现场检查、确认，并做好相关记录。

（2）在事故处理过程中，要密切监视相关厂站信息的变化，关注故障发展和电网运行情况。

（3）当危及人身、设备或电网安全时，值班监控员可用遥控拉断路器的方式将故障设备隔离，事后必须立即汇报调度，并通知运维人员赴现场检查。

（4）电网需要紧急拉路时，值班监控员应按值班调度员指令或按有关规程规定自行进行遥控操作。操作完成后，值班监控员应汇报相关值班调度员，并告知现场运维人员。

（5）事故处理结束后，值班监控员应与现场运维人员核对，确认相关信号已复归，确认有关设备状态。

调控合一模式下事故处理的优势：当危及人身、设备或电网安全时，值班监控员可立即用遥控拉开关的方式隔离故障，避免事故扩大。实行调控一体化减少了同级调度和监控之间电话联系环节，值班调度员可将事故处理必要的操作直接发令至监控员，提高了事故处理效率，尤其是解合环和紧急拉路操作，缩短了运行方式调整时间。

6. 设备验收

监控人员对设备现场提供的监控信息表进行审核、规范，提交自动化人员进行数据库维护、画面制作、数据链接等生产准备工作。对于审核发现的问题，应及时反馈意见。

工程建设单位在现场进行设备验收工作时，由监控人员进行调度自动化系统的"四遥"验收。

设备检修、消缺、执行反事故措施等工作后，若有二次线回路变更、点位变化等情况，必须经监控员验收后方能启动投运。设备命名发生变更后，自动化人员应根据调度下发的设备命名文件，对数据库及监控画面等内容进行调整，并由监控人员进行验收。

二、调控一体化业务管理重点

调控一体化业务管理重点是实施"五加强"，即加强调度运行管理、加强系统运行管理、加强调度计划管理、加强安全内控机制建设、加强新能源调度管理，实现业务转型、功能拓展和流程再造，提升集中决策和执行能力，全面掌控电网运行状态，实现调度运行从经验型向智能型、从事后被动型向事前主动型转变。可从以下几个方面进行：

（1）加强调度运行管理。在现有电网调度运行基础上，强化各类实时技术支持，全面推进调度运行从经验型向智能型、从"单一功能、单专业运行"向"全方位综合分析控制"的转变。加强变电设备运行集中监控、输变电设备状态在线监测与分析业务的研究和培训，完善调度运行实时在线安全分析、实时调度计划优化调整和新能源预测控制等功能，不断提高应用水平，提升电网运行控制水平。加强调度运行安全风险管控，深化危险点分析，超前拟定处置措施或事故预案，提高调度应急水平。

（2）加强系统运行管理。开展电网的统一计算分析、统一安排布置，实现电网运行方式的统一组织、集中决策和与规划工作的动态衔接。开展电网2～3年过渡期系统校核计算，实现从规划电网到运行电网的全周期安全校核。推进在线安全分析技术实用化，实现在线与离线分析的有机结合，实现大电网运行特性的全时间尺度分析。深化电网安全稳定控制策略研究，加强稳控装置管理，为电网安全可靠运行建立起坚强的二、三道防线。

（3）加强调度计划管理。统一开展电网主网日前发输电计划和检修计划的量化优化校核，优化电力电量平衡，加强检修计划全网统筹协调、刚性执行和风险管控，实现电网运行结构的统一管理和电力资源的优化配置，提高调度计划精益化水平。加强发电计划编制和安全校核工作，实现电网风、光、水、火电计划的统筹优化及发电计划多约束多目标下（如断面限制、经济性最优等）的闭环调整和管理。

（4）加强安全内控机制建设。依托省地一体化调度管理系统，深化省调安全内控机制建设，并同步开展地调安全内控机制建设，优化业务分类，规范业务流程，实现上下支撑、相互监督，建立关键业务节点和专业交接面的安全审计制度，实现业务流程建立、执行、审计、监督、分析完善及评价考核的全过程规范化管理，实施全方位绩效评估和反馈，实现安全闭环控制，全面提升调控运行安全绩效。

（5）加强新能源调度管理。结合电网规模化光伏发电、风电等新能源快速发展的实际情况，创新新能源调度管理体系，深化新能源发电功率预测、并网调度管理、配套运行控制技术研究，实现对新能源的科学合理消纳、全过程管控和多专业协调。完善新能源功率预测系统，对新能源电厂开展功率预测准确率考核。加强新能源入网检测及并网管理，研究并实施光伏电站自动功率控制。超前开展新能源接入适应性和运行控制策略研究，充分发掘电网可再生能源发电能力。

三、调控一体化主要业务开展前提

在各省电力公司下设电科院，在电科院成立电网技术中心，下设系统技术室、二次技术室两个专业室，开展对调度机构的系统运行、继电保护、调度自动化技术服务。电科院设备状态评价中心为调度机构提供输变电设备状态在线监测与分析技术服务。

省信通公司为省调提供通信业务支撑。

四、调控一体化主要业务界定

1. 倒闸操作界面

调控中心负责不需要运维人员到现场的远方遥控单一操作，设备运维单位负责变电设备现场操作。可由调控中心监控值班员遥控操作的项目包括：

（1）拉合开关的单一操作。

（2）调节变压器分接开关（遥调）。

（3）远方投切电容器、电抗器。

（4）需要监控值班员遥控执行的紧急事故处理操作。

2. 信息监视界面

调控中心负责影响电网运行的设备紧急告警信息的监视，主要包括事故、异常、越限、变位信息。检修单位运维站负责告知类信息的分析处理和报告，负责日常巡视检查，负责失去远方监控变电站的现场值班。

3. 自动化、保护专业管理及运维工作界面

省调控中心负责全省自动化、保护专业管理，负责自动化主站系统的建设、运

行和维护。检修公司（各供电公司）负责站端自动化设备、保护及安全自动装置的运行和维护。

4. 输变电设备在线监测与分析工作界面

（1）调控中心负责输变电设备状态在线监测信息的集中实时监视与分析，及时处理设备状态告警信息。

（2）电科院设备状态评价中心负责输变电设备状态监测分析与评价的技术支撑，具体负责输变电设备状态在线监测信息定期监视和异常设备诊断分析，设备状态三级评价，输变电设备状态监测主站系统建设、运行和维护，输变电设备状态监测装置检定，输变电设备状态监测技术培训、监督和指导。

（3）各级运维检修部门负责组织输变电设备状态评价工作，具体负责输变电设备状态在线监测信息定期监视、检测、诊断、输变电设备状态一、二级评价，负责输变电设备状态在线监测系统、在线监测现场装置建设、运行和维护。

5. 电科院电网技术中心工作界面

（1）省调负责调控运行各专业管理、技术管理，负责组织继电保护、自动化专业技术监督。

（2）电科院电网技术中心为"大运行"提供系统运行、继电保护、调度自动化技术支撑。协助省调开展电网运行分析计算，开展电网无功电压分析、线损理论计算和分析；负责开展2～3年电网规划滚动校核工作；负责开展统调涉网机组技术监督及机网协调技术研究。

（3）协助省调开展继电保护、自动化技术监督；参与继电保护、自动化设备事故调查分析及故障缺陷诊断分析；参与继电保护、自动化设备调试验收；负责开展继电保护、自动化技术标准编制及新技术应用研究；负责开展智能变电站调试技术研究；承担继电保护、自动化设备性能分析、状态评价、测试试验等工作；承担继电保护故障信息系统、继电保护在线校核系统的建设和运行维护工作。

6. 通信业务支撑界面

（1）科技信通部负责公司通信专业管理工作。参与编制电网通信规划，参加各类设计审查，负责省公司基建、技改、大修等通信配套项目的管理，研究制定通信技术政策。负责组织编制通信网络及设备大修、技术改造计划。负责制定公司通信规章制度和办法。

（2）调控中心负责对公司通信规划、基建、技改、大修等通信配套项目提出电网运行业务需求（包括通信资源、品质等），信通公司制定相应业务支撑方案，并落实。

（3）信通公司负责新建、扩建输变电工程通信配套项目建设，为调度控制、自动化、继电保护、安全自动装置等电网运行业务提供可靠的通信通道。配合电网二次设备升级改造，进行通信网技术改造（包括继电保护通道光纤化、调度数据网双平面建设、地调备调建设等）。负责电网运行业务所需通信网络的运行维护和检修工作。负责受理通信系统故障申报并及时处理。按照相关规定、规范开展涉及调度业务的各类通信检修、缺陷、异常及事故处理。

7. 各级调度控制处（班）主要业务

（1）省调调度控制处。负责省级电网调控运行专业的归口管理工作。负责调管范围内电网"安全、优质、经济"运行及其运行监视，负责电网及其设备的操作和事故处理。负责省域内±660kV及以下直流、1000（750）kV（重要枢纽站除外）、330（220）kV交流变电站变电设备运行集中监控业务、输变电设备在线监测与分析。负责管辖范围内电网新建、扩建、技改工程设备启动操作。负责对电网运行情况进行统计分析，编制电网运行日报。负责做好电网事故预想，组织编制事故预案，组织开展反事故演习。负责省级电网频率质量监督工作。负责调度系统值班人员持证上岗培训及管理。负责对调度员和监控员进行双轨制培养。

（2）地区调控班。负责地区电网调度、监控运行专业管理，负责输变电设备在线监测分析的技术管理和协调。负责地域内110（220）kV及以下电网调度运行工作，负责地域内110、35（66）kV变电设备运行集中监控业务，负责地域内110kV输变电设备在线监测与分析。

（3）配网调控班。负责市区范围内35（10）kV及以下配网出线调度运行，负责市区范围内（35）10kV配电网分段、联络、分支开关设备运行集中监控业务。

8. 二次系统运维界面

（1）调度端自动化系统的运维由调度机构负责，站端自动化设备由变电站运维单位负责。

（2）省、市调度端通信设备运维由信通公司负责，县调端通信设备运维由县调负责。

（3）站内通信设备的运行巡视和检修由信通公司、县调按辖区负责。

（4）输配电线路附属的OPGW、ADSS通信光缆由检修公司、供电公司按照管辖范围负责运维检修，交界面通信相关工作由信通公司、地调、县调按辖区负责。其他光缆的运维检修由信通公司负责。

（5）调度机构负责影响电网运行的设备紧急告警信息的监视，主要包括事故、异常、越限、变位信息。设备主管运维部门负责告知信息的分析处理和报告。

五、调控一体化主要业务管理

1. 调控中心操作管理

（1）倒闸操作范围包括断路器的操作和变压器分接开关、变压器中性点接地刀闸、远方投退软压板及具备遥控功能的其他操作等。

（2）调控中心值班员应单独设定个人操作密码，密码保密，专人专用。

（3）运维操作站在现场操作前通知监控中心，操作中调控中心运行人员发现设备异常信息应立即告知现场操作人员并终止操作，排除疑问后方可继续。接到无人值班变电站现场操作结束汇报后，监控人员应与现场操作人员核对运行方式及相关信息。

（4）各级调度对无人值班变电站的操作预令原则上均由监控人员统一接受。接受调度预令后，接令人必须复诵无误。使用信息系统网上发布操作预令时，也要全面核对。如果本省调控一体化实施方案中规定操作预令和正令均下至运维操作站时，调控中心监控人员不再转令。

（5）电网出现事故，调度向监控值班人员了解事故情况并下达调度指令。

（6）监控人员或运维操作站同时接到两级调度对同一受控站的操作指令，应汇报等级高的调度，由等级高的调度决定操作先后顺序。

2．运维操作站操作管理

（1）无人值班变电站操作管理应严格执行电网安全生产规程中的相关规定。

（2）运维操作站主值班员及以上资格的运行人员方可接受各级调度的操作指令。

（3）运维操作站接收到调控中心下发的计划性操作预令后，应合理安排操作人员并做好相应的操作准备工作。

（4）运维操作站运行人员到达受控站现场，应主动向调度要操作令，调度的操作正令发至需操作的无人值班变电站现场，由具有资格的变电运行操作人员接受调度操作指令并与调度进行现场业务联系。调度指令执行完毕，由受令人向调度回令。

（5）无人值班站现场操作应提前通知调控中心，同时必须做好禁止监控人员遥控操作本站相关设备的措施。倒闸操作结束，运行人员在核对现场的运行方式正确后，及时向监控中心汇报，双方核实正确。如果在操作过程中调控中心监控人员提出疑问，应立即停止操作，在得到监控人员允许后再进行操作。

（6）运维操作站人员在受控站内巡视，发现设备紧急异常或故障时，可直接向调度汇报。如人身和设备安全受到威胁，可按现场运行规程处理，然后汇报调度。

（7）为保证事故处理的准确、及时，调度直接向现场人员了解情况或下达调度指令。运维操作站人员到达事故现场后，应及时对现场的一、二次设备情况进行检查，直接将检查情况汇报调度，并在调度的指挥下负责现场事故处理。

六、调控一体化主要业务流程（以省调控中心为例，地级调控中心可参考执行）

1．基本业务流程

调控一体化管理基本业务流程见表1-4。

表 1-4

调控一体化管理基本业务流程

序号	流 程 名 称	序号	流 程 名 称
1	电网调控流程	9	日电量计划编制流程
2	设备监控流程	10	检修计划及风险预控流程
3	异常和缺陷处理流程	11	自动化设备检修管理流程
4	事故处理流程	12	自动化新设备接入管理流程
5	运行方式管理流程	13	安全内控流程
6	稳定限额管理流程	14	调度中心应急管理流程
7	安控策略管理流程	15	设备在线监测与分析流程
8	新设备启动管理流程	16	"四遥" 功能验收流程

2. 安全内控管理流程

为了健全调度控制中心安全内控机制，结合主要业务流程，建立关键业务节点和专业交接面的安全审计制度，实施全方位绩效评估和反馈，实现安全闭环控制，全面提升调控运行安全系数，如图 1-8 所示。

3. 调度计划流程

重点保障调度运行计划的统筹安排，依托智能电网调度技术支持系统，细化负荷预测，开展省级以上主网日前发输电计划和检修计划的量化优化校核，实现电网运行结构的统一管理和电力资源的优化配置，提高各级调度计划精益化水平及安全风险预控能力，如图 1-9 所示。

4. 运行方式管理流程

重点保障电网运行方式的统一管理。省级以上电网运行方式实行统一标准、集中计算、集中决策、统一制定，实现主网运行方式的统筹；拓展专业领域，开展过渡期系统校核计算，实现从规划电网到运行电网的全发展周期安全校核，如图 1-10 所示。

5. 电网调控流程

重点提高电网实时运行的控制能力。在传统调度运行值班业务基础上，增加设备运行集中监控功能，同时拓展在线安全分析预警、实时计划优化调整和新能源实时预测控制等功能，全面掌控电网运行状态，实现调度运行从经验型向分析型、从单一运行功能向到多功能、从事后被动型向事前主动型转变，如图 1-11 所示。

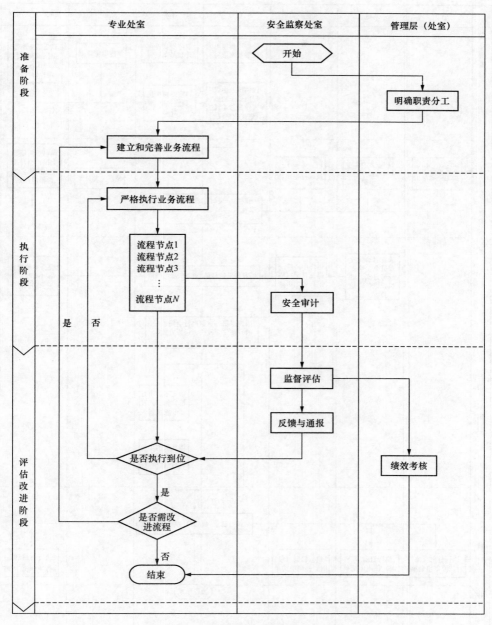

图 1-8　安全内控管理流程

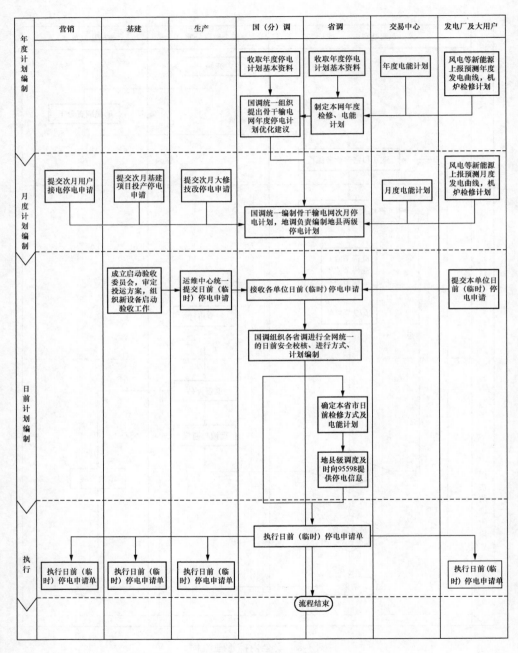

图 1-9 调度计划流程

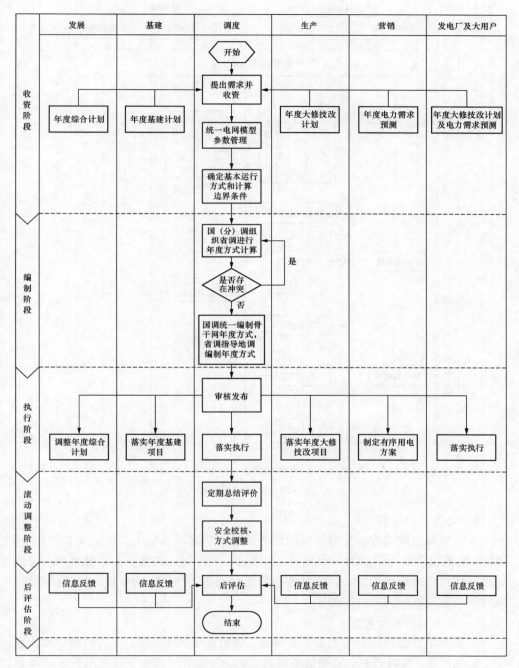

图 1-10　运行方式管理流程

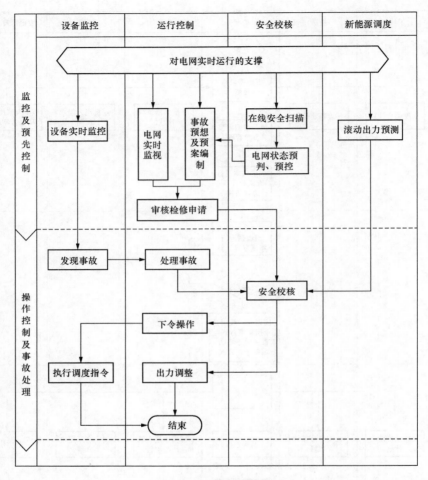

图 1-11　电网调控流程

6. 电网监控流程

主要保障电网调控与变电运维的业务协同，明确设备集中监控工作界面和业务流程。实施设备运行信息的分类发送，加强设备运行状态在线监测与健康状态评估、遥控操作与现场巡视操作、异常处置与缺陷管理等工作之间的衔接，提高日常运行绩效和应急控制的时效性，如图 1-12 所示。

7. 监控缺陷处理流程

主要为了规范调控中心监控系统异常、缺陷处理业务管理，及时消除日常监盘、设备定期巡视、特殊巡视、定期信息核对、现场汇报等工作中发现的监控系统异常、缺陷，保证对受控站的实时监控，实现调控中心监控系统异常、缺陷处理的闭环管理，及时消除监控系统隐患，保障监控系统正常运行，如图 1-13 所示。

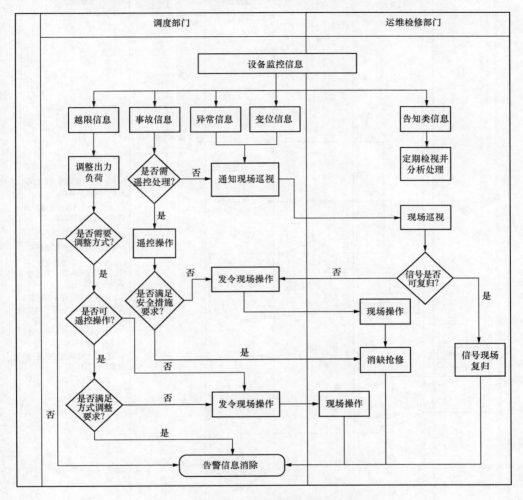

图 1-12　电网监控流程

8. 电压调整流程

为了保证电压质量，规范调控中心监控员电压调整业务管理，根据调度机构下发的电压运行曲线对所辖各站主变压器电压进行监视和及时调整，实现调控中心监控员对主变压器电压调整的闭环管理，保障电网电压质量合格，如图 1-14 所示。

专业处室专责	专业处室负责人	监控副处长	监控长	正（副）值监控员	节点描述

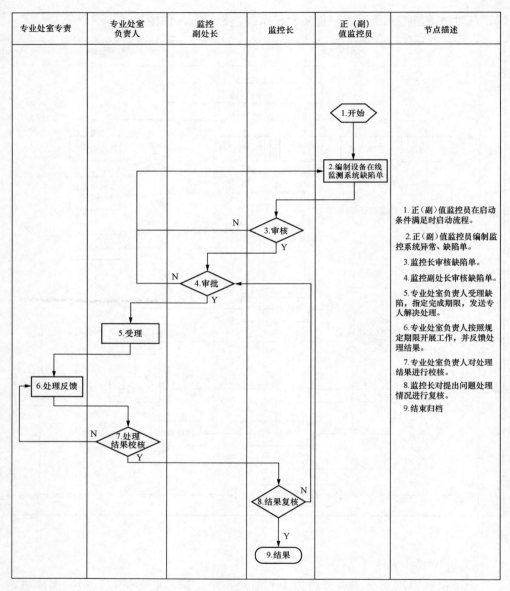

图1-13　监控缺陷处理流程

9. 监控转令流程

为规范调控中心监控员转令业务管理，接受各级调度下达的调度操作任务，负责正确转达至现场操作人员，保证转令、操作的正确性，消除转令中的安全隐患，保障电网安全、稳定运行，如图1-15所示。

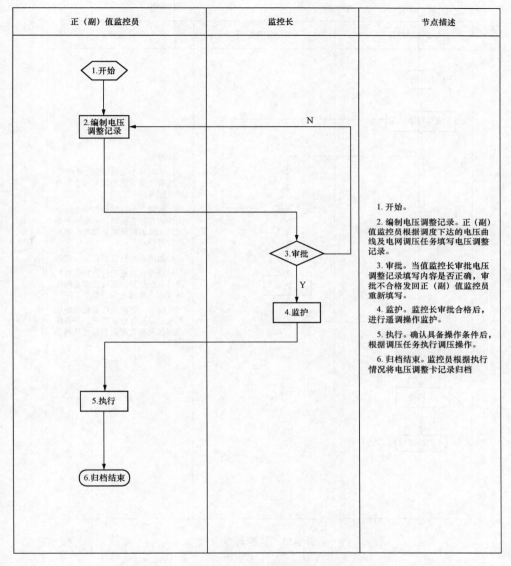

正（副）值监控员	监控长	节点描述

图 1-14　电压调整流程

10. 设备在线监测缺陷处理流程

规范省级调控中心设备在线监测系统缺陷处理业务管理，及时发现并消除日常监盘工作、设备巡视、现场汇报等工作发现的设备在线监测系统异常、缺陷及隐患，保障设备在线监测系统正常运行，如图 1-16 所示。

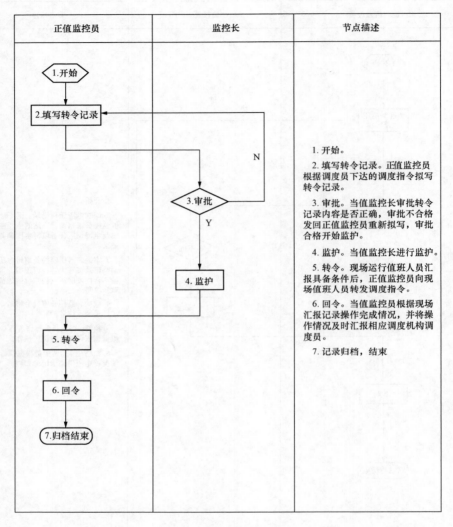

正值监控员	监控长	节点描述

1. 开始。

2. 填写转令记录。正值监控员根据调度员下达的调度指令拟写转令记录。

3. 审批。当值监控长审批转令记录内容是否正确，审批不合格发回正值监控员重新拟写，审批合格开始监护。

4. 监护。当值监控长进行监护。

5. 转令。现场运行值班人员汇报具备条件后，正值监控员向现场值班人员转发调度指令。

6. 回令。当值监控员根据现场汇报记录操作完成情况，并将操作情况及时汇报相应调度机构调度员。

7. 记录归档，结束

图 1-15　监控转令流程

11. 遥控操作流程

根据调度下达的电压曲线及调度命令，远方投切变电站电容器、电抗器，保证电压质量。当电网故障危及人身、设备或电网安全时，值班监控员可用遥控拉开关的方式将故障设备隔离，提高事故处理效率，及时调整无功电压，保障电网安全运行，如图 1-17 所示。

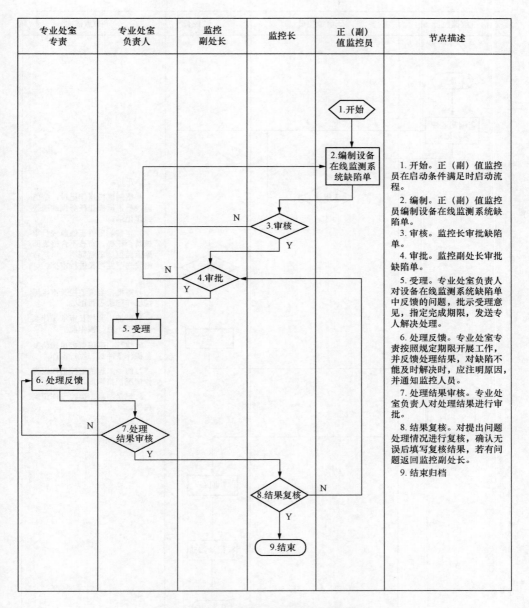

专业处室 专责	专业处室 负责人	监控 副处长	监控长	正（副） 值监控员	节点描述
				1.开始	1.开始。正（副）值监控员在启动条件满足时启动流程。 2.编制。正（副）值监控员编制设备在线监测系统缺陷单。 3.审核。监控长审批缺陷单。 4.审批。监控副处长审批缺陷单。 5.受理。专业处室负责人对设备在线监测系统缺陷单中反馈的问题，批示受理意见，指定完成期限，发送专人解决处理。 6.处理反馈。专业处室专责按照规定期限开展工作，并反馈处理结果，对缺陷不能及时解决时，应注明原因，并通知监控人员。 7.处理结果审核。专业处室负责人对处理结果进行审批。 8.结果复核。对提出问题处理情况进行复核，确认无误后填写复核结果，若有问题返回监控副处长。 9.结束归档

图 1-16　设备在线监测缺陷处理流程

12. 变电站信息接入调度自动化系统流程

变电站信息接入调度自动化系统流程如图 1-18 所示。

副值监控员	正值监控员	监控长	节点描述

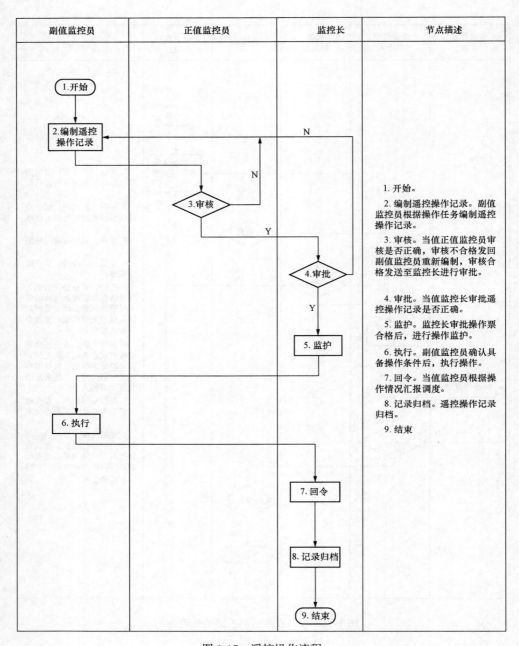

1. 开始。

2. 编制遥控操作记录。副值监控员根据操作任务编制遥控操作记录。

3. 审核。当值正值监控员审核是否正确，审核不合格发回副值监控员重新编制，审核合格发送至监控长进行审批。

4. 审批。当值监控长审批遥控操作记录是否正确。

5. 监护。监控长审批操作票合格后，进行操作监护。

6. 执行。副值监控员确认具备操作条件后，执行操作。

7. 回令。当值监控员根据操作情况汇报调度。

8. 记录归档。遥控操作记录归档。

9. 结束

图 1-17　遥控操作流程

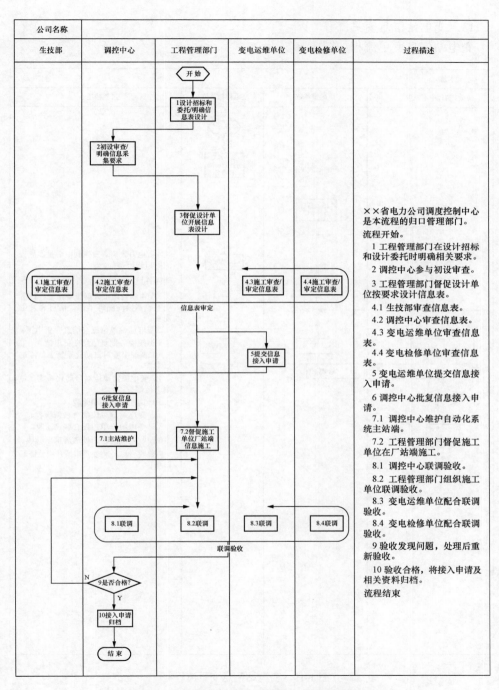

公司名称					
生技部	调控中心	工程管理部门	变电运维单位	变电检修单位	过程描述

图 1-18　变电站信息接入调度自动化系统流程

13. 变电站信息变更流程

变电站信息变更流程如图 1-19 所示。

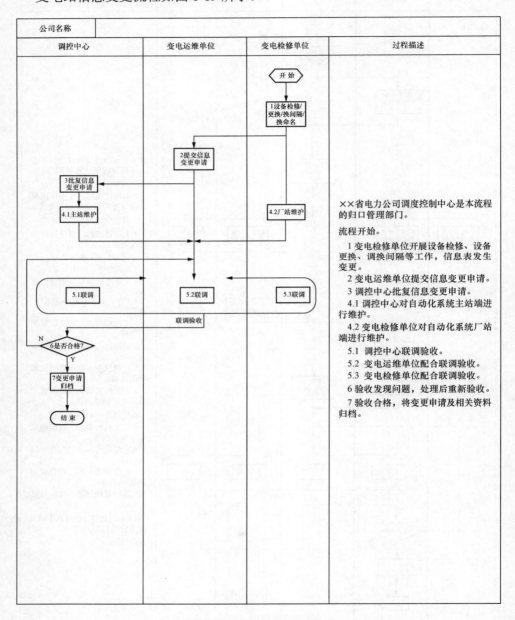

图 1-19　变电站信息变更流程

過程描述部分：

××省电力公司调度控制中心是本流程的归口管理部门。

流程开始。

1 变电检修单位开展设备检修、设备更换、调换间隔等工作，信息表发生变更。

2 变电运维单位提交信息变更申请。

3 调控中心批复信息变更申请。

4.1 调控中心对自动化系统主站端进行维护。

4.2 变电检修单位对自动化系统厂站端进行维护。

5.1 调控中心联调验收。

5.2 变电运维单位配合联调验收。

5.3 变电检修单位配合联调验收。

6 验收发现问题，处理后重新验收。

7 验收合格，将变更申请及相关资料归档。

1.3.3 调控一体化管理制度标准体系

一、调控一体化管理规范及标准

推行电网调控一体化管理，应结合本单位实施的具体情况，建立健全电网调控一体化管理制度标准体系。制度标准体系应全方位涵盖电网调控一体化安全管理、应急管理、运行管理、人员管理、调控运行规程、技术标准等各个方面。下列管理规范各单位可根据需要对其进行细化或整合。

（一）安全管理类

（1）《电网调控一体化安全工作管理规定》。

（2）《电网调控一体化应急工作管理细则》。

（二）运行管理类

（1）《电网调控一体化调控运行工作管理规范》。

（2）《电网调控一体化运行记录管理规定》。

（3）《电网调控一体化技术资料管理制度》。

（4）《电网调控一体化重大信息上报管理制度》。

（5）《电网调控一体化缺陷管理规定》。

（6）《电网调控一体化技术支持系统运行管理制度》。

（7）《电网调控一体化倒闸操作执行细则》。

（8）《电网调控一体化调控人员上岗管理办法》。

（9）《电网调控一体化保卫保密工作规定》。

（三）技术类

（1）《电网调控一体化运行技术规程》。

（2）《电网调控一体化自动化信息采集技术原则》。

（3）《电网调控一体化监控系统技术规范》。

（4）《电网调控一体化分布式电源接入技术标准》。

（5）《电网调控一体化储能设备接入技术标准》。

（6）《电网调控一体化微网接入技术标准》。

二、调控中心需建立的管理规定及标准

（1）省级调控一体化标准制度见表 1-5。

表 1-5 省级调控一体化标准制度

序号	类别	名　　　称
1	技术标准	××省电网省级调度监控信息命名及分类规范
2	管理标准	××省电网"大运行"体系建设工作验收管理规定
3		××省电网调度监控运行管理规定

序号	类别	名　称
4	管理标准	××省电网监控人员培训管理规定
5		××省电力系统调度控制管理规程
6		××省电网运行方式编制管理标准
7		××省电网新设备并网运行管理标准
8		××省电网调度自动化系统运行管理规定
9		××省电网省地一体化调度管理系统（OMS）运行管理规定
10		××省电网调度自动化系统监控信息接入管理规定
11		××省电力公司继电保护全过程管理规定
12	工作标准	××省调控中心主任工作标准
13		××省调控中心书记工作标准
14		××省调控中心副主任工作标准
15		××省调控中心总工程师工作标准
16		××省调控中心副总工程师工作标准
17		××省调控中心调度长工作标准
18		××省调控中心电网调度员工作标准
19		××省调控中心发电调度员工作标准
20		××省调控中心监控长工作标准
21		××省调控中心正值监控员工作标准
22		××省调控中心副值监控员工作标准
23		××省调控中心调度控制处处长工作标准
24		××省调控中心调度控制处（调度）副处长工作标准
25		××省调控中心调度控制处（监控）副处长工作标准
26		××省调控中心调度控制处调度安全及技术管理专责工作标准
27		××省调控中心调度控制处监控安全及技术管理专责工作标准
28		××省调控中心系统运行处处长工作标准
29		××省调控中心系统运行处副处长工作标准
30		××省调控中心系统运行处稳定策略审核专责工作标准
31		××省调控中心系统运行处稳控系统及装置管理专责工作标准
32		××省调控中心系统运行处稳定计算分析专责工作标准
33		××省调控中心调度计划处处长工作标准

序号	类别	名　　称
34		××省调控中心调度计划处副处长工作标准
35		××省调控中心调度计划处检修计划专责工作标准
36		××省调控中心调度计划处日方式专责工作标准
37		××省调控中心调度计划处发电计划专责工作标准
38		××省调控中心调度计划处设备入网投产专责工作标准
39		××省调控中心水电及新能源处处长工作标准
40		××省调控中心水电及新能源处副处长工作标准
41		××省调控中心水电及新能源处水电及水库调度管理专责工作标准
42		××省调控中心水电及新能源处新能源管理专责工作标准
43		××省调控中心继电保护处处长工作标准
44		××省调控中心继电保护处副处长工作标准
45		××省调控中心继电保护处直流及保护运行管理专责工作标准
46		××省调控中心自动化处处长工作标准
47		××省调控中心自动化处副处长工作标准
48	工作标准	××省调控中心自动化处自动化运行管理专责工作标准
49		××省调控中心自动化处实时监控预警系统管理专责工作标准
50		××省调控中心自动化处数据平台与调度计划系统管理专责工作标准
51		××省调控中心自动化处调度数据网及二次系统安防管理专责工作标准
52		××省调控中心自动化处水调及新能源系统管理专责工作标准
53		××省调控中心自动化处调度信息系统管理专责工作标准
54		××省调控中心设备监控管理处处长工作标准
55		××省调控中心设备监控管理处设备监控系统管理专责工作标准
56		××省调控中心设备监控管理处设备监控技术管理专责工作标准
57		××省调控中心设备监控管理处输电设备在线监测及分析管理专责工作标准
58		××省调控中心设备监控管理处变电设备在线监测及分析管理专责工作标准
59		××省调控中心综合技术处处长工作标准
60		××省调控中心综合技术处中心安全员专责工作标准
61		××省调控中心综合技术处技术及标准化管理专责工作标准
62		××省调控中心综合技术处计划及绩效考核管理专责工作标准
63		××省调控中心综合技术处党群及综合事务管理专责工作标准

（2）地区供电公司调控一体化标准制度见表1-6。

表1-6　　　　　　　　　　地区供电公司调控一体化标准制度

序号	类别	名　　称
1	技术标准	××供电公司调度监控信息命名及分类规范
2	管理标准	××供电公司调度监控运行管理制度
3		××供电公司调控中心管理制度汇编
4		××供电公司调控中心主任工作标准
5		××供电公司调控中心书记（副主任）工作标准
6		××供电公司调控中心副主任工作标准
7		××供电公司地区调控班班长工作标准
8		××供电公司地区调控班调度安全及技术员工作标准
9		××供电公司地区调控班监控安全及技术员工作标准
10		××供电公司地区调控班调控值班长工作标准
11		××供电公司地区调控班主值调控员工作标准
12		××供电公司地区调控班副值调控员工作标准
13		××供电公司配网调控班班长工作标准
14		××供电公司配网调控班调控安全及技术员岗位工作标准
15		××供电公司配网调控班主值调控员工作标准
16	工作标准	××供电公司配网调控班副值调控员工作标准
17		××供电公司方式计划组主管工作标准
18		××供电公司地区电网运方管理工作标准
19		××供电公司配网运方管理工作标准
20		××供电公司日方式工作标准
21		××供电公司检修计划及新设备投运工作标准
22		××供电公司负荷预测与经济分析管理工作标准
23		××供电公司调度二次组主管工作标准
24		××供电公司保护运行管理工作标准
25		××供电公司保护整定审核工作标准
26		××供电公司保护整定计算工作标准
27		××供电公司自动化运行管理工作标准
28		××供电公司安全监察及技术管理工作标准

序号	类别	名　称
29		××供电公司党群及计划考核、综合事务管理工作标准
30		××供电公司自动化运维班班长工作标准
31		××供电公司自动化运维专业工程师工作标准
32		××供电公司自动化运维员工作标准

三、调控中心应建立的管理办法

调控中心应建立的管理办法见表1-7。

表1-7　　　　　　　　调控中心应建立的管理办法

序号	类　别	名　称
1	日常工作管理	调控中心设备管理
2		调控中心设备缺陷管理办法
3		调控中心定值管理办法
4		调控中心反事故演习管理办法
5		调控中心交接班管理办法
6		调控中心各种记录、报表管理办法
7		调控中心定期信息核对管理办法
8	技术资料管理	调控中心规程、规范及技术标准管理办法
9		调控中心音像、电子档案管理
10		调控中心技术资料使用及保管制度
11	安全管理	调控中心防误闭锁管理办法
12		调控中心调度命令管理办法
13		调控中心信息安全管理办法
14		调控中心培训管理办法
15	班组建设管理	调控中心班组管理办法
16		调控中心考核管理办法
17		调控中心文明生产管理办法
18	标准化汇报	调控中心标准化汇报管理办法
19	培训管理	调控中心培训管理办法

四、运维操作队（站）需建立的管理办法

运维操作队（站）需建立的管理办法见表 1-8。

表 1-8 运维操作队（站）需建立的管理办法

序号	类别	名　称
1	运行管理	××运维操作站值班制度
2		××运维操作站交接班制度
3		××运维操作站设备巡视管理
4		××运维操作站运行分析管理
5		××运维操作站车辆管理
6		××运维操作站调度业务管理
7		××运维操作站无人值班变电站特殊状态管理
8	设备管理	××运维操作站年度程序化工作安排
9		××运维操作站月度程序化工作安排
10		××运维操作站每日程序化工作安排
11		××运维操作站设备定期试验轮换管理
12		××运维操作站设备缺陷管理
13		××运维操作站设备维护管理（高频通道检测管理，直流系统蓄电池维护管理，事故照明切换管理，设备测温管理，给水排水系统检查维护管理，防雷设施定期检查管理，一、二次设备清扫管理，运行维护管理）
14		××运维操作站设备检修管理
15		××运维操作站设备验收管理
16		××运维操作站综自后台机及运行管理机使用维护管理
17		××运维操作站设备专责分工管理
18		××运维操作站继电保护定值及压板管理
19		××运维操作站电量管理
20	技术管理	××运维操作站技术资料使用及保管管理
21		××运维操作站应具备的法规、规程
22		××运维操作站应具备的制度
23		××运维操作站应具备的资料
24		××运维操作站无人值班变电站应具备的图纸、资料
25		××运维操作站应具备的图表

序号	类别	名　　称
26	安全管理	××运维操作站各级人员安全职责（运维站站长安全职责、安全员安全职责、技术员安全职责、现场工作负责人安全职责、工作班成员安全职责、运维站值班长安全职责、运维站主值班员安全职责、运维站值班员安全职责、运维站专职司机安全职责）
27		××运维操作站工作票、操作票管理
28		××运维操作站安全工器具检查、使用管理
29		××运维操作站防误闭锁装置管理
30		××运维操作站安全活动管理
31		××运维操作站反事故技术措施及安全劳动保障措施管理
32		××运维操作站消防管理
33		××运维操作站防小动物害管理
34		××运维操作站防汛管理
35		××运维操作站防寒防冻管理
36		××运维操作站防风、防沙管理
37		××运维操作站防暑管理
38		××运维操作站治安保卫管理
39		××运维操作站低压检修电源管理
40		××运维操作站临时工及民工安全管理
41		××运维操作站春冬季安全大检查工作管理
42		××运维操作站倒闸操作管理
43		××运维操作站设备异常及事故处理
44	基建、验收及启动管理	××运维操作站变电设备基建过程管理
45		××运维操作站无人值班变电站新建（改、扩建）安全管理
46		××运维操作站设备调试
47		××运维操作站新设备启动条件
48		××运维操作站新设备启动管理
49		××运维操作站新设备试运行管理
50	站务管理	××运维操作站备品备件使用及管理
51		××运维操作站常用钥匙管理规定
52		××运维操作站公用物品使用管理

序号	类别	名　称
53	站务管理	××运维操作站清洁卫生管理
54		××运维操作站无人值班变电站门卫管理
55		××运维操作站文明生产管理
56	培训管理	××运维操作站培训管理

五、调控中心应具备的记录

（1）运行日志。

（2）设备缺陷记录。

（3）运行分析记录。

（4）反事故演习记录。

（5）技术问答记录。

（6）调度指令记录。

（7）安全活动记录。

（8）遥控操作记录。

（9）变压器调压记录。

（10）电容器、电抗器投切记录。

六、运维操作站应具备的记录

（1）运行日志。

（2）设备巡视检查记录。

（3）设备缺陷记录。

（4）安全活动记录。

（5）反事故演习记录。

（6）运行分析记录。

（7）技术问答记录。

（8）调度操作指令记录。

（9）断路器故障跳闸记录。

七、无人值班变电站应具备的记录

（1）蓄电池测量记录。

（2）避雷器动作情况检查记录。

（3）设备检修记录。

（4）设备试验记录。

（5）继电保护及自动装置检验记录。

（6）设备测温记录。

（7）调度操作指令记录。

（8）收发信机测试记录。

（9）解锁钥匙使用记录。

（10）防小动物措施检查记录。

八、调控中心应具备的图表

（1）电网系统图。

（2）所辖受控站一次系统图。

（3）所辖受控站设备最小载流元件表。

（4）有权发布调度指令人员名单。

（5）有权签发工作票的人员、工作负责人、工作许可人名单。

九、运维操作站应具备的图表

（1）电网系统图。

（2）所辖受控站一次系统图。

（3）所辖受控站最小载流元件表。

（4）有权发布调度指令人员名单。

（5）有权签发工作票的人员、工作负责人、工作许可人名单。

十、无人值班变电站应具备的图表

（1）一次系统模拟图。

（2）有权发布调度指令人员名单。

（3）有权签发工作票的人员、工作负责人、工作许可人名单。

（4）无人值班变电站组合电器气隔图（有组合电器时）。

（5）最小载流元件表。

十一、运维操作站应具备的图纸

（1）所辖无人值班变电站常用一、二次图纸。

（2）所辖无人值班变电站直流系统图。

（3）所辖无人值班变电站站用电系统图。

（4）所辖无人值班变电站正常和事故照明接线图。

十二、无人值班变电站应具备的图纸

（1）一次系统接线图。

（2）全站平断面图。

（3）继电保护、自动装置及二次回路图。

（4）远动及自动化设备二次回路图。

（5）站用变压器系统图。

（6）正常和事故照明接线图。

（7）直埋电力电缆走向图。

（8）接地装置布置图。

（9）直击雷保护范围图。

（10）地下隐蔽工程图。

（11）直流系统图。

第 **2** 章

电网调度控制与操作

2.1 电网调度控制

2.1.1 电力系统的运行控制

一、电力系统的运行控制

电力系统的运行控制就是依靠电力调度自动化系统，在各发电厂和变电站设立信息采集子站，将采集到的电网运行实时信息通过数据传输系统上送到调控中心的主站（MS），主站根据收集到的全网信息，对电网的运行状态进行安全性分析、负荷预测、自动发电控制、经济调度控制。

二、电网调度控制系统

随着经济的发展和人民生活中电器设备的普遍应用，对电能质量、供电可靠性和经济运行要求越来越高，电力系统规模和总装机容量不断扩大，电力系统结构和运行方式越来越复杂。目前，我国各级调控中心，基于局域网（LAN）、GPS 统一时钟、数据采集与监视控制（SCADA）技术，普遍采用能量管理系统（简称 EMS），实现对电网实时在线状态评估、调度员潮流、电网静态安全分析、自动发电控制（AGC）、无功和电压自动控制（AVC）和调度员仿真培训（DTS）等。

能量管理系统（EMS）主要包括实时监控、调度计划、调度管理、网络分析等应用功能。

关于调度 EMS 系统的具体应用，将在本书第 5 章中结合调控一体化系统进行详细介绍。

2.1.2 电网安全稳定控制系统

电网安全稳定分为静态稳定、暂态稳定和动态稳定，这里所讲的电网安全稳定控制系统是电网暂态稳定控制的一种新方法。在以往电力系统暂态稳定遭到破坏时，采用继电保护装置快速切除故障、发电机采用快速励磁系统、增加发电机强励磁倍数、汽轮机快速关闭汽门、发电机电气制动、连锁切机、系统设置解列点等方式，但这些措施实现速度慢、切负荷和切机量不准确、系统解列后再次并列操作量大，对系统会造成较大二次冲击。目前正在推广应用的电网安全稳定控制系统在电网事故情况下，切负荷、切机量由系统实时运行情况决定，装置计算比较准确，对电网和用户影响较小，而且会尽量保持系统并列运行，维持一定的保安负荷，电网运行安全性和稳定性都有了很大提高。安全稳定控制装置还可以随时判断相关主设备过负荷情况，及时进行计算并切除准确负荷量，对主设备安全运行起到了保护作用。电网安全稳定控制装置简称稳控装置。

电网安全稳定控制原则是在电网正常运行方式改变时，各断面要按照受电方式下的稳定运行控制原则和外送方式下的稳定运行控制原则，分别进行负荷和潮流控制。控制上网电站功率输送和大负荷用户功率消耗。

安全稳定控制装置功能策略原则包括主站策略和子站功能策略。安全稳定控制系统主站策略是接收与之相联的其他主站发来的切地区负荷命令，向与之相连的子站发出切负荷命令。将接收到的切负荷总量，按优先级分配给安全稳定控制系统的各个切负荷子站。安全稳定控制系统子站功能策略是将本站及接入本站的线路运行参数上送至主站，接收主站发来的切负荷、切机轮次命令，切除本站指定轮次的联络线路及馈线；监测本站主变压器电流、电压；监测本站其他元件的单相电压、单相电流，向主站上送本地各轮可切负荷量，接收主站切本地各轮负荷命令；进行本地主变压器中压侧过载判断，根据过载需切容量，分轮次切除本地负荷。

一、安全稳定控制设备及其运行

本节仅以省级调度调管的安全稳定控制系统为例讲解，国调和网调调管的安全稳定控制系统的运行可参照执行。

1000kV/750kV 变电站稳定控制装置按照双重化配置，双主运行。500kV/330kV 主站稳定控制装置按照双重化配置，双主运行；子站稳定控制装置按照双重化配置，一主一辅运行。500kV/330kV 电厂及用户均采用单套稳定控制装置，设双通道。省调直调各站稳控装置通信通道的运行、维护由各省电力信息通信公司和装置所在单位负责。

（一）安全稳定控制系统操作原则

（1）安全稳定控制系统操作下令原则如下：

1）省调直接调管各厂站，稳控装置的状态改变由省调下令，分别由各厂站现场进行操作。

2）由网调直接调管的稳定控制装置操作时，由网调对省调下令，再由省调给变电站下调令操作。当网调直调主站稳定控制装置状态改变，影响其远方切负荷功能时，省调应立即向网调汇报。变电站安全稳定控制系统压板操作，装置投入时，应在保证各功能压板和通道压板等状态正确后，最后才投入出口压板；装置退出时，应先退出总功能压板和出口压板，然后再退出其他压板。

3）省调直调各站稳控装置定值单均由省调下达，并分别与各站核对无误。双重化配置的变电站两套装置定值应一致。现场应将核对、执行完毕并签字后定值单一份返回省调存档。稳控装置的运行维护，应按照电网安全自动装置检验及管理规定的要求，对设备和通道进行定期检验。稳控装置的检修，应按相关检修规定的要求向省调提出检修申请，省调批准后方可进行。若其他工作会对稳控装置的安全运行产生影响，现场应做好安全措施，必要时应提前一星期向省调申请陪停稳控装置。现场进行稳控装置工作时，应按规定做好安全措施，确保装置所有出口压板和通道压板退出，必要时应断开装置外接回路。稳控装置接入后台信息管理系统时，现场应加强本装置与后台信息管理机之间通信线缆的管理维护工作。各厂站应制定稳控装置动作出口后的应急预案，做好防范措施。

（2）安全稳定控制系统可切负荷原则上应避免网内切负荷量的频繁变化。若切负荷量不满足上述要求，应第一时间告知上一级调度。上一级调度应根据安全稳定控制系统措施量的变化情况，调整上述断面稳定控制限额（调整后的稳定限额应不大于安全稳定控制系统正常投入时的限额值）。

（3）安全稳定控制系统可切机量优先为小装机容量电站。当按照小水电站、光伏电站机组计算切机量时，应注意切机灵敏度系数。

（4）在非正常运行方式下，电网相关断面达到控制极限时由省调合理安排运行方式，保证重要跨区输电线路可靠运行。

（二）安全稳定控制控系统投退顺序

（1）投入顺序。先将各站（主站和子站）的稳控装置功能压板和通道压板投入，待各站装置的压板投入都正确后，再投入各站装置的出口压板。

（2）退出顺序。先退出各站装置的出口压板，执行完毕后，再退出各站装置的功能压板和通道压板。

稳控装置操作的典型调度命令及对应压板投退见表 2-1。

表 2-1　　　　　　　　稳控装置操作的典型调度命令及对应压板投退

序号	调度命令	接令单位	装置压板投退规定
1	××变压器稳控装置投入运行	××变压器	（1）投入"总功能投压板"、"至×××通道压板"。 （2）现场根据本站线路、主变压器和开关的实际运行状态投入"××线检修"、"××主变压器检修"、"××开关检修"压板。 （3）现场对应在运行的×× kV 线路（或发电机）投入"××线（或××机组允切压板）"、"××线跳闸出口压板（或××机组跳闸出口压板）"

序号	调度命令	接令单位	装置压板投退规定
2	××变压器稳控装置退出运行	××变压器	压板全部退出
3	××变压器稳控装置低频功能投入	××变压器	（1）投入"低频功能压板"。 （2）现场根据本站主变压器和低压电容器、电抗器的实际运行状态投入"跳××主变压器高压侧断路器"、"跳××电容器"、"跳××电抗器"压板
4	××变压器稳控装置低频功能退出	××变压器	（1）退出"跳××主变压器高压侧断路器"、"跳××电容器"、"跳××电抗器"压板。 （2）退出"低频功能压板"

注　对于双重化配置的厂站，上表典型命令中未区分装置1和2，表示两套装置投入相同。若仅能投入单套装置时，直接对装置1或装置2下令。调度下令时，应按照上表核对现场压板状态。一般情况下，调度按照上表中的典型命令下令，但在个别情况下，需直接对压板下令。

（三）安全稳定控制系统异常及处理

（1）若双重化配置厂站的其中一套异常，则须调度下令立即退出该套装置，并退出与该异常装置有通道联系的对侧装置通道压板（此通道压板是与异常装置通信关联的）。若两套装置同时异常，则应立即下令退出该站两套装置，并退出与该异常装置有通道联系的对侧装置通道压板（此通道压板是与异常装置通信关联的）。若是电网系统里重要主站稳控装置，退出时应通知网调。

（2）任一通道异常，须立即下令退出两侧装置与该通道相联的通道压板。若任一站的两套稳控装置通道同时异常，则应立即下令退出该站两套装置，并退出与该异常装置有通道联系的对侧装置通道压板（此通道压板是与异常装置通信关联的）。

（3）安全稳定控制系统投运期间，若站内出线或开关因故必须停运，则应在线路或开关一次设备操作前，将稳控装置相应的线路检修压板、开关检修压板投入，将相应的开关运行压板打开；在线路或开关恢复运行后，将相应的线路检修压板、开关检修压板打开，将相应的开关运行压板投入。现场应尽量减少压板状态与其对应的一次设备状态不对应的时间。

（4）安全稳定控制系统投入期间，若各断面运行在大于基值的潮流时，发生相应故障，稳控系统将动作快速切除部分电网负荷。故障后无论装置动作与否，当值调度都应迅速减小相关断面潮流，防止电网内有关变电站低电压，并尽量将电网内有关变电站电压控制在合格范围内。

（5）稳控装置动作出口后，现场运行值班人员应及时了解装置的动作情况，并及时汇报省调调度员，事后各运行维护单位应按《××省电网安全自动装置检验及管理规定》的要求，于3日内写出事故报告，并将报告、装置的事件及数据打印记录报省调运行方式处。

二、典型电网安全稳定控制系统应用简介

目前应用最广的电网安全稳定控制装置有 SCS-500E、RCS-992A、FWK-300、CSS-100BE 四种。SCS-500E 型安全稳定控制装置普遍应用于厂站或者子站，RCS-992A 和 FWK-300 型装置普遍应用于电网系统大型变电站或主站。

（一）安全稳定控制装置主要功能

（1）监测系统有关线路、主变压器、机组、开关、通道等的运行状态，把本站的信息发送至有关厂站或调度中心，接收有关厂站的运行信息或调度中心的信息。综合系统的运行信息，自动识别电网当前的运行方式。对机组、负荷按预定的逻辑进行排序，以便系统故障时进行最合理的切机、切负荷控制。

（2）判断本厂站出线、主变压器、机组、母线的故障类型，如单相瞬时故障、单相永久故障、两相短路故障、三相短路故障、无故障跳闸、母线故障、保护误动、断路器失灵等。

（3）当系统发生故障时，根据本站判断出的故障类型和远方故障信息、事故前电网的运行方式及被控制断面的潮流，搜索控制策略表，确定对应的控制措施及控制量，进行切机、切负荷、解列、直流功率调制、快减机组出力等控制措施。当系统发生如低频、低压、设备过载等与系统运行方式无关的稳定事故时，根据设定的控制逻辑采取控制措施。

（4）通过光纤、微波或载波通道，实现与就地监控系统、调度系统、其他厂站安全稳定控制装置交换运行信息、控制命令、远程操作（修改定值、控制策略表、强置运行方式、召唤系统运行状态）等。

（5）进行事件记录和故障数据录波。

（6）具有回路自检、异常报警、自动显示、打印等功能。

（7）预留与就地监控系统、工程师站、调度系统或在线刷新策略表系统的接口。

（二）按照主机和辅机配置的安全稳定控制装置主机功能

与从机通信，获取本站的运行状态量，向从机下发控制命令；与远方安全稳定控制装置通信，获取远方厂站的运行状态量或控制命令，向远方厂站远方安全稳定控制装置发送本站运行状态量或控制命令；综合系统的运行信息（开入、故障、投停、异常等），识别电网运行方式（如特殊方式、正常方式、检修方式、应急方式、后备方式等），对机组、负荷排序；当系统发生故障时，判断系统的故障组合，确定潮流断面，搜索策略表，进行决策与控制；故障录波，事件记录；与就地监控系统、工程师站、调度系统通信。

（三）按照主机和辅机配置的安全稳定控制装置从机（辅机）功能

与主机通信，上送本从机检测元件等的运行状态，接收主机下发控制命令；采集模拟量，计算电气量电压、电流、有功功率、无功功率、系统频率、相位角、阻抗；监测接入装置的线路、主变压器、机组或母线的运行状态（电气量、开入、元件投停、异常）和故障类型（单相瞬间故障、单相永久故障、相间故障、无故障跳闸、母线故障、断路器失灵）；硬件回路自检。

（四）电网安全稳定控制 SCS-500E 型分布式稳定控制装置

电网安全稳定控制 SCS-500E 型分布式稳定控制装置采用双套配置，共四面分布式稳定控制柜，其中每套装置由主柜与从柜两面柜构成，每套装置与相应通道分别独立运行，装置主辅运行功能设在主柜。

1. SCS-500E 型稳控装置投跳闸操作步骤

（1）合上稳定控制装置屏后装置总电源。

（2）合上稳定控制装置屏后相应的线路或主变压器的电压空气开关。

（3）检查稳控装置控制面板上指示灯显示正确（绿灯），无异常信号（红灯）。

（4）对有总功能、策略表投退、通道投退等功能和方式压板的装置，投入稳控装置屏上相应压板。

（5）投入相应的切机、切负荷、解列等出口压板。

区域稳控系统中与本站有通信联系的稳控装置，在投入跳闸运行时，也应相应遵循上述步骤。

2. SCS-500E 型稳控装置退出运行操作步骤

（1）对有总功能、策略表投退、通道投退等功能和方式压板的装置，退出稳定控制装置屏上相应的压板。

（2）退出所有切机、切负荷、解列等出口压板。

（3）断开稳定控制装置屏后相应的线路或主变压器的电压空气开关。

（4）断开稳定控制装置屏后装置总电源。

区域稳控系统中与本站有通信联系的稳控装置，在退出运行时，也应相应遵循上述步骤。

3. 一次设备状态改变时 SCS-500E 型稳控装置投退

（1）母线操作时的注意事项。当其中一段母线检修或试验时，一定要注意先断开本屏（柜）后上方相应的 TV 空气开关，核对装置显示的母线电压确已消失，如果装置设"××母线检修压板"，则应投入该母线的检修压板，再进行母线的有关操作。停运的母线恢复运行后，应再合上被断开的 TV 空气开关，如果装置设"××母线检修压板"，则应退出该母线的检修压板。

（2）元件正常停运或停运检修操作。先控制需停运线路所在断面潮流，使得线路停运后装置无控制措施；对线路进行一次侧倒闸操作；投入停运线路的检修压板。

（3）元件正常投入运行操作。对线路进行一次侧倒闸操作；将已投运元件相应的检修压板退出。

（4）元件跳闸后转停运操作。线路发生跳闸，投入跳闸线路检修压板。

（5）线路跳闸停运后重新强送电操作。确认已按"线路跳闸后转停运"步骤对装置操作完毕，对线路进行一次侧合闸操作，合闸操作成功进行下一步操作；合闸不成功，则操作到此结束，将合闸线路相应检修压板退出。

4. SCS-500E 型稳控装置其他运行注意事项

（1）在装置投入正常运行之前，应按照调度部门下达的定值通知单设置各项定值。当需要修改定值时应按照说明书方法修改，在修改完毕后检查、核对定值。接有打印机时，应将定值表打印存档。

（2）如果装置已经投入运行，要对定值进行修改，应先按调度指令将稳控装置退出运行，再进行定值修改工作。

（3）电网发生事故时，应及时检查装置动作情况，当系统发生线路或主变压器跳闸、失步振荡或频率、电压事故时，应检查装置动作情况是否正确，记录动作后装置的指示灯和事件记录内容，查看数据记录结果，把装置动作情况上报调度部门。接有打印机的装置，应将打印结果送报调度部门分析事故及备案。

（4）存在方式判别的区域稳控装置运行方式的切换操作：在装置正常运行期间，若线路跳闸或检修导致运行方式发生变化，操作方式压板，切换至与实际运行方式一致的状态。

（5）区域稳控装置主辅运行的切换操作：为了防止多切机组或负荷，部分双套配置的稳控装置采用主辅运行方式。当主机装置因故需要退出运行时，将辅机装置的"本柜主运"压板投入，同时将两套装置的"本柜闭锁另柜压板"退出。

（6）若稳控装置的电流回路接在 TA 回路的末端，则当前级保护装置或故障录波器做电流回路试验时，将直接影响到本装置的运行状态，甚至会造成稳控装置动作出口，所以在前级装置有电流回路操作时，必须将稳控装置退出运行。

（7）若稳控装置的电流回路未接在 TA 回路的末端，则在装置的电流回路需短接或进行试验时，将影响后面其他装置的运行状态，应注意对串在本装置电流回路后面装置的影响。

（8）装置做本地逻辑功能试验时，必须断开与其他站的通道，并退出本地出口压板，避免误切机、切负荷。

（9）装置做联调试验时，应确认系统内各站出口压板已退出，避免误切机、切负荷。

（10）装置做本地传动实验时，应做好相应的安全措施，避免误切机、切负荷。

（11）稳控装置的交流插件设计了防止 TA 回路开路的端子，但为了更加可靠，建议在做好安全措施的情况下，才能拔出该交流插件，以防 TA 回路开路。

5. SCS-500E 型装置压板主要功能

（1）传动试验压板。投入则装置可以进行开出传动试验，退出则不可以。正常运行时应退出该压板。

（2）总功能压板。投入该压板，装置判出逻辑后才可以正常采取措施；退出则闭锁装置所有出口逻辑和策略。

（3）至××通道压板。投入则开放收发正常数据和向××变电站发送切负荷命令的功能，退出则仅向该通道发送通道校验信息，不发送任何命令及有效数据。两侧压板投退不一致时，装置会发告警信号，提醒运行人员及时处理。

（4）××线路检修压板。投入则强制判该线路停运，不判断所有异常，不进行故障判断；退出则装置根据线路的实际电气量进行投停、异常、故障判断。

（5）××线路允切压板。投入则该线路允切被切除，退出则该线路不允切被切除。

（6）××元件检修压板。投入则强制判该元件停运，不判断所有异常，不进行故障判断；退出则装置根据元件的实际电气量进行投停、异常、故障判断。

（7）110kV 元件×允切压板。投入该压板，逻辑功能中该元件可被计入到负荷量中，执行本地主变压器过载及远方切负荷命令，可切去该元件；退出则该元件不可切。

（8）切 110kV 元件×。投入该压板，装置可以动作出口跳开该元件；退出则不允许跳该元件。

（五）电网安全稳定控制 RCS-992A 型分布式稳定控制装置

每一套稳控装置均由一台 RCS-992A 主机、两台 RCS-990A 从机及其他辅助设备组成，每一个主站一般设置两套完全相同的 RCS-992A 稳控装置，组成双套系统，分主辅运行。

RCS-992 主机机箱中 3 号插件为 24V 弱电光耦（OPT）插件，接入开关量。本套装置中共 2 台从机，RCS-990 从机中 A 开入插件均为强电光耦（OPT）插件，接入另一部分开关量。RCS-992A 型分布式稳定控制装置提供就地试验功能，可模拟两台机组的功率，以方便脱离试验仪进行试验。试验完成后，必须将试验定值改为运行定值，退出试验压板。

1. RCS-992A 型主机箱压板主要功能

（1）投检修状态压板。在装置检修时，投该压板，在此期间进行试验的动作报告不会上送至监控后台，但本地的显示、打印不受影响，运行时应将该压板退出。

（2）××通道投入。投入此压板装置才能与远方站装置正常通信，接收远方站装置发来的可切负荷量信息或切负荷命令，并向远方站装置发送切负荷命令或可切负荷信息，若本站压板投入，但对侧压板不投入，或者本站压板不投入，但对侧投入时，装置发"压板不一致"报警。

（3）试验压板。该压板投入表示装置进入试验状态，读取试验定值中的数据，用试验数据代替从机实际采样的数据。不投入则装置不读取试验定值中的数据，以从机实际采样的值为准。正常运行时，退出该压板。

（4）AB 信息交换压板。投入时允许本站两套装置交换数据，退出则两套装置不交换数据。正常运行时投入该压板。任一套装置检修时，退出两套装置的对应压板。

（5）总出口投入压板。投入时本装置从机出口才能真正动作，否则只有跳闸报文，不会实际切除负荷。

（6）××断开方式投。当该压板投入，主变压器过载时仅切除××变电站负荷。该压板退出时，主变压器过载选优切除××变电站负荷。

（7）各断路器运行压板。根据断路器的实际运行情况投退。当断路器检修时退出该压板，断路器运行时投入。该压板的主要功能是将断路器的 HWJ（合闸位置继电器）经过压板隔开。

（8）××检修压板。当线路要检修时，先投入该压板，然后进行倒闸操作，当线路恢复运行后，再退出该压板。

（9）××过载功能压板。投入该功能压板时才开放相应元件的过载功能，否则过载功能退出。

（10）××远切功能投。投入该功能压板时才开放接收××变电站切负荷命令，否则功能退出。

2. 运行注意事项

若稳控装置与保护装置的 TA 回路串在一起，在做其他保护试验时，退出相应的稳控装置或采取安全措施，以免装置误动。

3. 装置异常报文含义及处理

装置异常报文含义及处理见表 2-2。

表 2-2   装置异常报文含义及处理

序号	自检出错信息	含　义	处　理
1	存储器出错	RAM 芯片损坏，闭锁保护	联系厂家处理
2	程序出错	FLASH 内容被破坏，闭锁保护	联系厂家处理
3	CPU 定值出错	定值区内容被破坏，闭锁保护	联系厂家处理
4	DSP1 出错	DSP1 开入回路损坏，闭锁保护	联系厂家处理
5	采样异常	模拟输入通道出错，闭锁保护	联系厂家处理
6	出口异常	出口三极管损坏，闭锁保护	联系厂家处理

序号	自检出错信息	含 义	处 理
7	直流电源异常	直流电源不正常,闭锁保护	联系厂家处理
8	DSP 定值出错	DSP 定值自检出错,闭锁保护	联系厂家处理
9	光耦电源异常	24V 或 220V 光耦正电源失去,闭锁保护	检查开入板的隔离电源是否接好
10	长期启动告警	启动超过 50s,发告警信号,不闭锁保护	检查电流二次回路接线
11	TV 断线	电压回路断线,发告警信号,闭锁部分保护	检查电压二次回路接线
12	TA 断线	电流回路断线,发告警信号,不闭锁保护	检查电流二次回路接线
13	HWJ 异常	HWJ=0 且该线路有功率发告警信号,不闭锁保护	检查开关辅助接点
14	接口*告警	*为对应通道号	检查相应接口通道(光纤通道或 PCM 复用通道)
15	压板不一致告警	子站与相应主站的通道压板投入不一致	检查相应压板

为防止误操作,只有试验压板投入时,才能使用非 0 的试验定值,且使用试验定值进行试验前,必须确认安全措施已经做好,相关厂站已经做好隔离措施,并且就地的跳闸出口压板已经退出。

(六)电网安全稳定控制 FWK-300 型分布式稳定控制装置

FWK-300 型装置压板主要功能如下:

(1)传动实验压板。投入时可在自试菜单中自试出口传动,退出时不能自试。

(2)总功能压板。投入时装置开放出口,退出时闭锁出口。

(3)海西电网 750 停运压板。投入时,判为海西电网(省内区域电网)750kV 停运;退出时根据相关变电站发来的海西电网 750kV 投停信息来判断海西电网 750kV 投停状态。

(4)××直流停运压板。投入"××直流停运"压板,则判为××直流(跨省直流联络线)停运;退出"××直流停运"压板,则判为××直流投运。

(5)××线路检修压板。投入时相应线路判为停运,不再判断异常及故障;退出时相应线路正常判断投停、异常及故障。

(6)××主变压器检修压板。投入时相应主变压器判为停运,不再判断异常及故障;退出时相应主变压器正常判断投停、异常及故障。

(7)至××通道压板。投入则开放收发正常数据和命令功能,退出则仅向该通道发送压板退出信息,不发送任何命令及有效数据;两侧压板投退不一致时,装置发不一致异常告警信号。

（8）××线可切投。投入此压板 110kV 负荷线××线可切，退出此压板××线不可切。

（9）至另柜通道压板。投入则 A、B 柜互相收发正常数据和命令，退出则仅向该通道发送压板退出信息，不发送任何命令及有效数据。两柜通道压板投退不一致时，装置发不一致异常告警信号。两柜同时运行时，此压板同时投入。

（10）低压/过压/低频/过频功能压板。投入相应的功能压板，则 110kV 母线开放相应的低压/过压/低频/过频功能。退出相应的功能压板，则 110kV 母线闭锁相应的低压/过压/低频/过频功能。

（11）××开机方式压板。投入该压板，则识别为相应的××电厂开机方式，且此方式压板优先。开机方式压板全退时，据××电厂机组投停自动判断开机方式。

（12）跳闸出口压板。正常运行时，投入该压板则装置动作后可以通过出口回路去跳开相应线路、主变压器、电容、电抗器的开关。退出该压板则出口回路断开，装置动作后不能通过出口回路跳开相应的开关。跳闸出口压板包括跳电容、电抗器的出口压板，跳 1 号、2 号主变压器高压侧的出口压板，跳 110kV 负荷线路的出口压板。

（13）本柜主运压板。装置分主辅运行时，主运装置在动作后立即发一对闭锁接点闭锁辅运装置动作；辅运装置在判出故障需执行措施时不立即出口，而是延时等待 35ms，35ms 内没有收到另柜闭锁信号，则辅运装置动作出口，同时也发动作信息闭锁主运装置动作。投入该压板，装置判为主运，退出则装置判为辅运。正常运行时 A 套装置投入本柜主运压板，B 套退出本柜主运压板，两套装置本压板不能处于相同状态。

（14）本柜动作闭锁另柜投。投入则装置动作后发一对硬接点信号闭锁另柜，退出则接点信号断开，即使装置动作后也不会闭锁另柜，正常运行时两套装置都应投入此压板。

（七）电网安全稳定控制 CSS-100BE 型分布式稳定控制装置

1. CSS-100BE 型稳控装置运行中注意事项

（1）投入运行后，严禁随意对装置的带电部位触摸或拔插设备及插件、随意按动面板上的键盘，严禁操作如下命令：开出传动、修改定值、固化定值、装置设定、改变装置在通信网中地址等。

（2）运行中面板的运行灯亮，面板循环显示信息正确，无异常信号。

（3）若线路停运可能会引起装置动作执行策略，应先缓慢降低线路潮流至事故前功率定值以下，再进行线路停运操作。

（4）运行中要停用装置，应先断开跳闸出口压板、远方通道压板，然后再停直流电源。

CSS-100BE 型稳控装置更换 CPU 或其软件后的操作：设备需更换软件或在运行中出现不能处理的问题须更换 CPU 板，首先检查 CPU 插件上各短路块跳线是否同更换前 CPU 板一致。检查 CPU 软件版本号及 CRC 检验码应正确。若出现"软压板错"或"压板不一致"，进入装置主菜单内的压板操作菜单，投退一遍软压板。若出现"定值区出错"，则进入主菜单内的测试操作菜单切换定值区。若出现"定值错"，须重新固化定值。若出现"装置参数错"，须根据以前装置参数设定情况输入并固化装置参数，检查零漂、刻度是否正确。

2. CSS-100BE 型稳控装置运行中异常处理

（1）若本站为执行站，即子站时，通知检修人员处理。若本站为主站，则当本站为双重化配置，主、从运行时，应将相应稳控装置切为从运行柜或退出运行。当本站为双重化配置，并列运行时，若相应稳控装置不退出运行，则不可退出通道异常方向的通道压板。

（2）运行中系统发生故障时，安全稳定装置执行策略出口，则面板上相应的动作灯亮，MMI 显示最新动作报告，策略执行结果；装置自动打印动作报告、录波报告。

（3）装置的告警分为告警Ⅰ和告警Ⅱ，告警Ⅰ为严重告警。告警Ⅰ时，装置面板告警灯闪亮；告警Ⅱ时，装置面板告警灯常亮。有告警Ⅰ时，装置闭锁出口继电器电源。运行中若出现告警Ⅰ，应停用该稳控装置，记录告警信息并通知检修人员，此时禁止按复归按钮。若出现告警Ⅱ，应记录告警信息并通知检修人员进行分析处理。

2.1.3 电压调整

影响电能质量的因素分为有功和无功两个范畴的问题，有功范畴的问题有频率偏差等，无功范畴的问题有功率因数、三相电压不平衡、电压波动和闪变、电压暂降、谐波。解决电能质量问题就需要解决有功和无功这两个范畴的问题。

有功范畴的频率偏差问题解决方法是众所周知的，这里不再重复。由于篇幅的原因，这里仅对解决无功范畴内的新方法和新技术做以介绍。

一、电压波动及闪变

（1）电压波动：冲击性负荷变化引起的、明显偏离额定值的快速电压变动。电压波动值用一系列电压有效值的相邻两个极值之差的百分数来表示，即

$$d(\%) = \frac{U_{\max} - U_{\min}}{U_{N}} \times 100$$

式中　　$U_{\max}$ ——最大电压值；

　　　　$U_{\min}$ ——最小电压值；

U_N——额定电压值。

（2）闪变：灯光照度不稳定造成的视感。闪变觉察率 F 的计算式如下

$$F(\%) = \frac{C+D}{A+B+C+D} \times 100$$

式中　　A——没有觉察的人数；

　　　　B——略有觉察的人数；

　　　　C——有明显觉察的人数；

　　　　D——难以忍受的人数。

规定闪变觉察率 F=50% 为瞬时闪变视感度的衡量单位，对应的 S=1 为觉察单位。换言之，S>1 为闪变不允许值。

电压波动和闪变的产生是由于电弧炉、轧机等大功率且快速波动性负荷的应用引起的。其危害是电压波动会影响工业生产、居民生活等，而闪变会引发视觉疲劳、偏头痛，引发错觉等。

二、电压监视及调整

为了及时监测和有效控制电网系统的运行电压，在电网内设一定的电压监测点和电压中枢点。电压监测点指电网中可反映电压水平的主要负荷供电点、某些有代表性的发电厂和变电站。这些点的电压质量合格，其他各点的电压质量也就能基本满足要求。

（1）电压监测点设置原则。与 110kV 及以上（包括 110、330、500、750、1000kV）电网直接相连发电厂高压母线电压；所有变电站和带地区供电负荷发电厂的 10（6）kV 母线；具有代表性的用户。

（2）电压调整的具体方法。调整发电机和调相机的无功出力；投退补偿电容器、电抗器以及其他无功功率储备；调整潮流，转移负荷；在不影响系统稳定的情况下，断开轻载线路或投入备用线路；电压严重超过下线时，按规定切除部分负荷；调整变压器分接头。

电压暂降或下跌是指供电电压有效值在短时间内突然下降又回升恢复的现象。在电网中这种现象的持续时间大多为 0.5～1.5s。其原因一般是由电网、变电设施的故障或负荷突然出现大的变化（如大功率设备启动等）所引起的。在某些情况下会出现两次或更多次连续的跌落或中断。

三、无功功率

电压的高低直接反映着本级无功的平衡。电网电压和无功电力实行分级管理，无功补偿坚持分层分区、就地平衡的原则。电网中的无功负荷包括变压器、异步电动机、并联电抗器等设备所消耗的励磁功率，以及输电线路的串联电抗和并联电纳中的无功损耗。

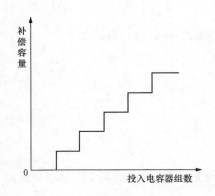

图 2-1　投入电容器组数与可提供的
无功容量之间的关系

电力系统中的无功电源有发电机、同步调相机、用户同步电动机、并联电容器。

（一）并联电容器

并联电容器能够发出无功功率，提高电压。并联电容器只能够根据负荷变化、电压波动分组投切，调整电压是阶梯形的。在电网发生故障或者其他原因使电压下降时，电容器无功输出减少，将导致电压进一步降低。因此，并联电容器的无功功率调节性能较差。投入电容器组数与可提供的无功容量之间的关系如图 2-1 所示。

并联电容器补偿的优点：结构简单，可做成柜式，经济性好。缺点：补偿容量固定，对于变动较大的负荷易造成"过补"或"欠补"，不能有效提高功率因数，易发生谐振，无法实现滤波功能，还容易放大谐波，不具备抑制电压波动和电压闪变的功能。

（二）晶闸管投切电容器（TSC）

晶闸管投切电容器是接触器投切电容器的升级。其补偿原理和并联电容器补偿的原理是一样的，只是把电容器分成多组，根据负荷的实际大小确定投入补偿电容器组的数量。并联补偿投切电容器与晶闸管投切电容器的比较如图 2-2 所示。

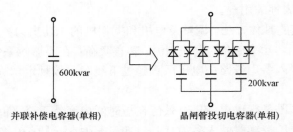

600kvar

并联补偿电容器(单相)

200kvar

晶闸管投切电容器(单相)

图 2-2　并联补偿投切电容器与晶闸管投切电容器比较

晶闸管投切电容器的优点：可频繁操作，损耗低。缺点：不能连续调节无功，不能滤除谐波，不能使用在无功变化剧烈、变化速度快的场合，不具备抑制电压波动和治理电压闪变的功能。

（三）静止无功补偿器（SVC）

在我国超高压大容量长距离输电电网中，静态和暂态稳定运行问题非常突出。静止补偿装置调压速度较快，并能拟制过电压、电网功率振荡和电压突变，吸收谐波，改善不平衡度，而且运行可靠、维护方便、投资少。

静止型动态无功补偿器的构成：阀组、相控电抗器、滤波电抗器、滤波电容器、差流互感器。SVC 补偿原理图如图 2-3 所示，SVC 控制原理图如图 2-4 所示。

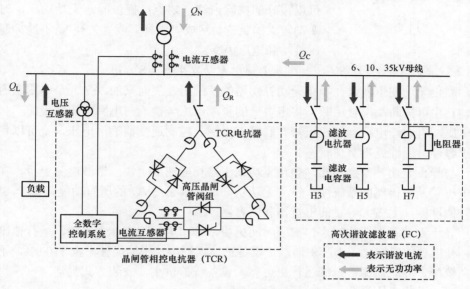

图 2-3 SVC 补偿原理图

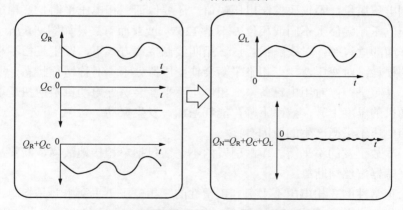

当无功为正时表示感性无功，为负时表示容性无功。

图 2-4 SVC 控制原理

Q_R—由 TCR 提供的无功功率；Q_C—由 FC 提供的无功功率；Q_L—负荷需要的无功功率；

Q_N—由母线提供的无功功率

（四）滤波器（FC）接线原理

图 2-5 所示为滤波器接线原理图，图中电阻 R 为电感等效电阻，阻值很小；电

图 2-5　滤波器接线原理图

感 L 的电感值也非常小，所以整个滤波器发出的无功呈容性。

滤波器的优点：能提供无功功率，提高功率因数，可以很好的滤除谐波。缺点：提供固定无功功率，对于变动较大的负荷易造成"过补"或"欠补"，不能抑制电压波动和电压闪变。

（五）静止无功发生器（SVG）

静止无功发生器是在静止无功补偿器的基础上发展而来的，是一个电压源逆变器。它由可关断晶闸管通断，将电容上的直流电压转换成与电网电压同步的三相交流电压，再通过电抗器和变压器并联接入电网。控制逆变器输出电压，就可以使其处于容性、感性或零负荷状态。

与静止无功补偿器相比，静止无功发生器相应速度更快，谐波电流更少，在系统电压较低时仍能向系统注入较大无功功率。它具备 SVC 的所有功能，优于 SVC 的补偿性能，无需大容量的电抗器和电容器。

静止无功发生器的特点：响应时间更快，抑制电压闪变能力更强，运行范围更宽，补偿功能多样化，不产生谐波，设备整体损耗小，平均损耗不大于 0.8%，不产生系统串、并联谐振，系统运行更可靠，设备维护量小，安装方式灵活。

四、三相电压平衡

控制电压质量，不仅要控制电压幅值，还要保证三相电压平衡。三相电压不平衡指三相电压在幅值上不同或相位差不是 120°，或兼而有之，如图 2-6 所示。三相电压不平衡的危害有：对线路损耗，三相四线制接线方式下，发生三相不平衡将增大线路的损耗；对变压器，三相不平衡会使变压器处于不对称运行状态，增加变压器损耗，甚至烧毁；对用电设备，三相电压不平衡会诱导电动机中逆扭矩增加，从而使电动机的温度上升，效率下降，能耗增加，发生振动。

三相电压不平衡产生的原因有：

（1）事故引发的不平衡。事故引发的不平衡包括单相接地故障、断线故障、母线电压互感器熔丝熔断等。

（2）正常性的三相电压不平衡。正常性的三相电压不平衡主要是指单相大容量以及冲击性、非线性负荷（如电弧炉、工频感应炉、电力机车、单相电焊机）的应用。

五、AVC 控制

AVC 指自动电压控制系统（Auto Voltage Control），就是由设在调控中心的远方控制系统自动完成的电网电压调整。系统连续不断地自动监测电网内监测点和中枢点电压，装置根据预先设定的程序，按照需要投切补偿电容器、电抗器或者调整有载调压变压器的分接头。AVC 自动电压控制系统应既可以作为主系统独立运行，也可以作为子系统配合调度系统运行。

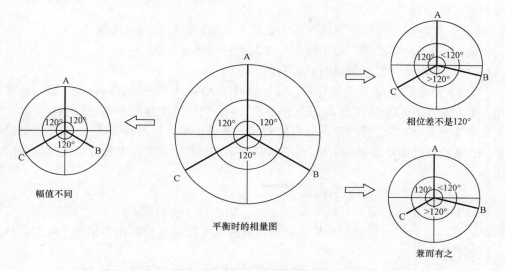

图 2-6　三相电压图

（一）AVC 的功能

（1）能够实现全电网最大范围的电压合格，全电网电能损耗最小，全电网设备动作次数尽可能少的原则。

（2）AVC 系统控制模式分为开环、闭环和监视三种，并可对系统、厂站、监控母线、调压设备分级设置。开环表示 AVC 对被控对象进行分析计算，提示值班调度员对其进行操作。闭环表示 AVC 对被控对象进行分析计算，并对其进行直接发命令控制，不经过值班调度员确认。监视表示 AVC 只对被控对象进行分析计算，但不会对其进行控制命令请求。

（3）具备防止电容器投切振荡和主变压器分头调节振荡功能。

（4）设备每日允许动作次数及动作间隔可进行人工设置。

（5）同一厂站无功设备循环投切，均匀分配动作次数。

（6）电容器、主变压器及有载调压开关故障或异常，通信故障或异常，系统接地、电网运行数据异常时，AVC 应自动闭锁相关设备，且必须人工解锁。

（7）具备人工闭锁电容器投切和主变压器分接头调整功能。

（8）具备控制信息管理功能，包括设备动作记录表，开关动作次数汇总表，设备动作失败或不正常动作情况表，电压曲线分析表，有功功率、无功功率、功率因数分析表。

（9）当设备需要实施人工操作时，AVC系统具备相应闭锁功能。

（10）实现人工录入关口点分时段功率因数指标功能，控制关口无功交换满足功率因数考核指标。

（11）具备母线电压日调度曲线人工录入功能，控制母线电压质量。

（12）具备完善的用户权限设置功能和运行操作记录。

（13）系统运行发生错误时具有自恢复能力。

（14）AVC作为子系统运行时，具有与调度AVC主系统的联网通信功能，宜采用IEC 61970的CIM和CIS标准进行通信。子系统只接收到属于本调控中心厂站设备调节措施和AVC告警信息，且只能对属于本调控中心厂站设备进行AVC投退操作。子系统应具备可以修改所辖厂站AVC参数的功能，并可以上传无功电压设备闭锁信息。

（二）AVC无功优化调整的策略

（1）根据无功平衡的局域性和分散性，AVC对电网无功进行分层分区控制。在满足电压约束前提下进行无功优化调整，以区域无功电压设备作为整体，考虑厂站间协调控制。

（2）AVC应按分时段功率因数考核标准对关口功率因素进行控制。

（3）在满足关口功率因数前提下，控制无功实现分层分区平衡，减少线路上无功流动，降低无功传输引起的有功损耗。

（4）根据电气距离和降损分析计算决定投切无功补偿装置。

负荷调整、出力调整和潮流调整目前仍沿用以前的调整方法。

2.2　电网调控操作

2.2.1　调控一体化模式

一、调控中心+运维操作站模式

该模式适用于建设成熟的大运行体系，调控中心设在调度部门。运维操作站设在检修单位。调控中心的两大核心业务是电网调度和本级电网内无人值班变电站信息集中监控。电网调度员主要负责电网内发电厂、用户变电站、集中监控变电站及非集中监控变电站设备倒闸操作和本级调度直接调管的输电线路操作。对于发电厂、用户变电站和非集中监控变电站设备倒闸操作的命令，由值班调度直接下令给各发电厂和变电站。

集中监控变电站设备倒闸操作的命令下达有两种方式：①由调度员直接下令给监控员，再由监控员转达操作命令给各相关运维操作站。运维操作站执行命令后，将结果反馈给监控员，由监控员汇报给调度员。②由调度员直接下令给各相关运维操作站，运维操作站执行命令后，将结果反馈给调度员。至于实际业务开展过程中采用何种倒闸操作命令下达方式由各公司视具体情况而定。

监控员负责变电站信息集中监控，同时负责对所监控变电站进行操作指令转接（由监控员转接命令的模式）。

二、调度中心+监控中心+运维操作队模式

该模式适用于大运行建设初期，即调控一体化建设的初始阶段，监控设备及监控信息完善阶段。此模式中调度中心设在调度部门，只执行电网调度业务。监控中心和运维操作队都设立在检修单位。监控中心负责所辖无人值班变电站信息集中监控，运维操作队负责变电站设备操作和维护。该模式下的倒闸操作命令由调度员下达给监控中心，再由监控中心转达至运维操作队执行。运维操作队将执行结果汇报给监控中心，再由监控中心集中汇报给电网调度员。监控中心主要业务除了无人值班变电站信息集中监控、无人值班变电站倒闸操作命令转接外，还兼负检修单位生产指挥和线路检修命令转接任务。

2.2.2 输变电设备操作

一、主变压器操作

（1）大型变压器的主电源侧选择应根据主变压器所连接三侧电网的稳定性选择。例如：对于一台 750kV 变压器，一般高中压侧都可以作为电源。750kV 电网建设初期，网络连接松弛，单电源带线路、单电源带主变压器运行的情况较多，系统稳定性和抗扰动能力差。变压器操作时，从 330kV 侧充电，750kV 侧合环对系统冲击最小，停电操作顺序与此相反。待 750kV 主网架建设完成，系统运行稳定之后，则可以从 750kV 侧充电，330kV 侧合环，也不会对系统产生较大影响。

（2）运行在中性点直接接地系统的变压器操作时：

1）并列运行的变压器在停电操作前，应先倒换中性点。原则是应先合未接地变压器中性点接地刀闸，再拉开原来的变压器中性点接地刀闸，将零序过电流保护切换到中性点直接接地变压器上。

2）两台以上变压器并列于不同母线上运行时，则每条母线上至少应当有一台变压器的中性点接地刀闸在合闸位置。

3）变压器所连接的系统为中性点直接接地系统，当一台变压器单独运行，而其低压侧（或者中压侧）又有电源时，则该变压器中性点必须接地。当高压侧断路器断开，低压侧断路器与中压侧断路器运行且有电源时，则该变压器中性点必须接地运行。

4）中性点直接接地系统内的变压器，在拉合高压侧断路器前须合上主变压器中性点接地刀闸，操作完毕后再按照规定改变接地方式。

（3）强迫油循环风冷变压器供电操作之前，应先投入冷却器。主变压器停电操

作之后，待冷却器运行一段时间，油温不再上升后，停止冷却器运行。

（4）330kV 及以上电压等级变压器，充电操作前不应该投入充电断路器的充电保护压板。因为有些断路器保护装置不设置专门的充电保护回路，而是用过电流保护代替充电保护。用过电流保护代替充电保护使用时，必须将过电流保护定值改为充电保护定值，充电完毕后，再将过电流保护定值改为正常定值。对 330kV 及以上电压等级变压器充电时，充电操作过程中产生的励磁涌流较大，而充电保护有时不能躲过励磁涌流，容易造成保护误动作。所以，给大型变压器充电前一定要投入变压器的主保护，不投充电断路器的充电保护压板。

二、母线操作

（1）对带有电磁式电压互感器的 110kV 及以下空载母线停送电操作时可能出现谐振过电压，现场应当根据运行经验或者试验结果采取防止措施。某 330kV 变电站，主变压器低压侧 35kV 断路器供电操作时，没有先退出电压互感器，再供电；而是直接带电磁式电压互感器给 35kV 空母线供电，导致母线电压互感器 B、C 两相电压互感器高压熔断器同时熔断。

（2）在进行旁路断路器代替线路断路器的倒闸操作中，应当保证旁路断路器与欲代替断路器在同一母线上。如不在同一母线上，则要求合上母线联络断路器或者母线分段断路器，禁止用隔离开关合环。

（3）3/2 接线方式母线操作的原则：停电操作时，先将母线上所有运行断路器由运行转换成冷备用状态，即母线转冷备用状态，再将母线由冷备用转检修状态。送电操作时，先将母线由检修状态转成冷备用状态，再选择一个断路器对母线进行充电操作，母线充电正常后，将母线上所有运行断路器由冷备用转成运行状态。停母线操作时，拉开断路器之后，应先拉需停电母线侧隔离开关，后拉靠中断路器侧隔离开关。进行该顺序的操作，主要是为了减小在发生误操作时对运行线路及设备的影响。当先拉母线侧隔离开关时发生误操作，母线保护动作，只停母线。当先拉靠中断路器侧隔离开关时发生误操作，中断路器和边断路器都跳闸，将停止这两台断路器控制的线路或者主变压器，扩大了停电范围。送电操作时，给母线充电断路器的选择原则为优先选择保护配置较完善的断路器。在靠母线侧断路器保护配置相同的情况下，优先选择在断路器合闸于故障母线跳闸后，对系统和运行设备较小的断路器。

（4）3/2 接线方式母线操作的注意事项如下：

1）边断路器停电前应先退出该断路器的重合闸，并根据保护装置功能及保护运行规程的要求，改变相应中间断路器的重合闸"先重"和"后重"配合方式。同时，如需断开边断路器的操作电源，则在断开操作电源前应投入相应断路器保护屏上的位置停信压板或切换保护装置上的断路器位置把手，如将 RCS-931、CSC-103 型线路保护屏上的断路器状态切换把手切置"边断路器检修"位置。

2）母线停电检修时，应拉开该母线上连接的所有断路器及两侧隔离开关（可以先拉开所有断路器，再依次拉开各断路器两侧隔离开关，也可以按间隔先拉开断路器，再拉开两侧隔离开关），将母线电压互感器从低压侧断开，防止反送电，并合上母线接地刀闸。

3）边断路器停电检修操作，应只断开该断路器控制、信号电源，严禁断开相关线路或变压器保护的电源。母线保护工作时，应退出"母差启动失灵"压板和母差保护所有压板。

4）当母线上接有并联电抗器、电容器时，停母线前应先将电抗器退出运行。母线送电后再根据电压情况和调度命令将电抗器、电容器加入运行。

5）对不能直接验电的母线如 GIS 母线，在合接地刀闸前，必须要确认连接在该母线上的全部隔离开关确已全部拉开，连接在该母线上的电压互感器的二次小空气开关（熔断器）已全部断开，母线电压指示为零。

（5）1000kV 和 750kV GIS 母线操作的特殊注意事项如下：

1）在 GIS 设备中，由于隔离开关分合时触头运动速度慢、隔离开关灭弧能力弱等原因会产生波头很陡、频率很高的操作过电压，其频率达数百千赫至几十兆赫，称之为快速暂态过电压（VFTO）。VFTO 可能威胁到 GIS 及其相邻设备的安全，特别是变压器匝间绝缘的安全，也可能引发变压器内部的高频振荡。

2）在 1000kV 和 750kV 电网倒闸操作过程中，产生的操作过电压对设备及系统的安全影响较大。为此，在 1000kV 和 750kV 电网建设初期，操作 1000kV 和 750kV GIS 隔离开关采用不带电拉合的方法来限制 VFTO。

3）操作 1000kV 和 750kV GIS 母线隔离开关时，严禁人员接近、接触 GIS 母线及母线隔离开关的壳体。

三、断路器操作

（1）用旁路断路器代其他断路器运行，应先将旁路断路器保护按所代断路器保护定值投入，确认旁路断路器三相均已合好后，方可断开被代断路器，最后拉开被代断路器两侧隔离开关。

（2）3/2 接线方式，设备送电时，应当先合母线侧断路器，后合中间断路器；停电时，应当先拉开中间断路器，后拉开母线侧断路器。

（3）断路器分闸操作时，出现非全相运行，其中一相断开，两相在合闸，此时应立即合上断开相。若两相断开，一相在合闸，应立即拉开合闸相。断路器合闸操作时，出现非全相运行，应立即拉开断路器三相。

（4）断路器严禁操作的情况有：油断路器严重漏油，油标管中看不到油位，灭弧室冒烟，或者内部有放电声、开水煮沸的声音；支柱绝缘子、套管有断裂或严重放电；SF$_6$断路器及 SF$_6$罐式断路器出现 SF$_6$降低至闭锁值时；GIS 中断路器气室压力降低至闭锁值；断路器液压机构、气动机构、弹簧机构压力达到闭锁值时；真空断路器真空包损坏时；各种类型的断路器在运行中发出分闸闭锁信号时。

四、继电保护操作

（1）继电保护装置的状态分为投入、退出和信号三种。投入状态指装置功能压板和出口压板均按要求正常投入，把手置于对应位置。退出状态指装置功能压板、出口压板全部断开，把手置于对应位置。信号状态指装置功能压板投入，出口压板全部断开，把手置于对应位置。

（2）退出继电保护装置部分功能时，除断开该功能压板外，有专用出口压板的还应断开出口压板。如运行中需要退出 RCS-931BM 光纤差动保护的差动部分，操作时仅退出该保护装置的"差动保护投入压板"，不退出其出口压板。因为该保护装置的出口压板为该装置的差动保护、距离保护、零序保护公用压板。

（3）正常情况下，一次设备在运行状态或热备用状态时，其保护装置为投入状态。一次设备在冷备用或检修状态时，其保护装置为退出状态。

（4）省（地）调直调设备继电保护装置定值核对规定如下：

1）继电保护装置定值整定完毕，现场继电保护工作人员应仔细核对已整定好的继电保护装置定值与最新定值通知单内容是否相符，各项定值数据误差是否满足规程要求。

2）现场继电保护工作人员核对继电保护装置定值整定无误后，应填写现场继电保护工作记录，与发电厂、变电站当值值班员进行继电保护装置整定值和最新定值通知单所列定值项的核对确认，并向发电厂、变电站当值值班员交代有关注意事项。

3）发电厂、变电站或集中监控班当值值班员与现场继电保护工作人员逐项核对并确认继电保护装置定值，与各级调度部门下发的最新定值无误后，再与当值调度员核对继电保护定值单与下发定值单一致。

4）监控班、发电厂和变电站当值值（班）长与省（地）调当值调度员核对继电保护定值单时，监控班、发电厂和变电站当值值（班）长使用与装置定值相符的最新定值通知单与省调当值调度员进行核对，要求核对定值通知单中的厂站名称、定值单编号和下发日期，双方确认内容完全相同后，定值单核对工作结束。

（5）继电保护装置整屏退出时，应退出保护屏上所有压板，并将有关功能把手置于对应位置。多套保护装置共同组屏，如其中一套装置异常，需要退出运行时，可仅将该装置的所有压板断开，功能把手置于对应位置。该退出装置与运行装置共用的压板、回路不得断开。但当现场进行缺陷处理时，为确保安全，应在整屏退出的情况下进行消缺。继电保护装置中仅某保护功能退出运行时，除退出该保护功能投入压板外，还应断开其对应的出口跳闸压板；若不能退出出口跳闸压板，可只退出功能投入压板。

五、消弧线圈操作

（1）消弧线圈的投入或切除，必须在确知该系统无接地故障的情况下进行。

（2）消弧线圈运行中从一台变压器的中性点切换到另一台时，必须先将消弧线圈与系统断开后再切换。不得将两台及以上变压器的中性点同时接于一台消弧线圈上。

（3）手动调匝消弧线圈切换分接头，必须按当值调度员下达的位置进行切换（自动调谐的消弧线圈除外）。切换消弧线圈分接头前，应确认系统没有接地故障，再将消弧线圈与系统隔离后进行切换，并测量直流电阻合格。切换分接头后，应检查消弧线圈导通情况，合格后方可将消弧线圈投运。

（4）在正常情况下，线路的投入、停用或改变运行方式，应考虑消弧线圈分接头的切换。采用过补偿方式时，如发生串联谐振，应改变运行方式以破坏其谐振条件。

六、输电线路操作

（1）750kV 同塔双回线路操作时，正常情况下应先将一条完整的 750kV 线路加运合环后，再操作第二条线路转运行。停电时应先将一条完整的 750kV 线路停电后，再操作第二条线路停电。

（2）750kV 同杆双回线其中一回线在停电后进行接地刀闸操作时，接地刀闸应为三相联动操作方式。若不能实现三相联动，应在操作接地刀闸前短时将另一回线路停电。

（3）带有线路隔离开关的 3/2 接线线路供电操作，应先破坏串运行，即断开中间断路器，再断开母线侧断路器，拉开靠线路侧两个隔离开关，拉开线路两侧接地刀闸，合上线路隔离开关，合上靠线路侧两个隔离开关，合上母线侧断路器对线路充电，正常后合上中间断路器。

（4）双回线路改单回线路时，装有横差保护的线路，其横差保护要停用。由于横差保护是靠比较两平行线路的电流来反映故障的，因此当其中一条线路停电时，就要将其横差保护停用。

（5）线路两端的高频保护、光纤差动保护应同时投入或退出，不能只投一侧。

第 **3** 章

电网和设备异常及事故处理

3.1 电 网 异 常 处 理

电网异常包括电网中的输变电设备异常，以及电网的主要电气量异常。输变电设备异常包括电气设备在运行中出现缺陷，或者设备的部分元件故障，不能按照额定参数运行。电网的主要电气量异常包括频率、电压、功率等参数异常。

不论电网出现何种异常运行情况，都应该立即进行处理，防止电网异常急剧发展，最终造成事故。电网中的输变电设备发生异常时，若一、二次设备异常暂时不会影响电网及设备继续运行，由设备运行维护单位立即消除设备缺陷，如一次设备渗油、继电保护装置异常告警（不闭锁保护）等。若设备异常会影响到设备及电网继续安全运行时，应立即汇报调度，由调度协助设备运维单位对设备进行必要的倒闸操作，消除异常，如 SF_6 断路器出现压力闭锁、继电保护装置发出装置闭锁信号等。

3.1.1 频率异常处理

我国国家标准中规定电力系统的标准频率（工频）为 50Hz。

一、频率异常判定

装机容量在 3000MW 及以上，频率偏差超出 $50Hz\pm0.2Hz$，可判定为电网频率异常；装机容量在 3000MW 以下，频率偏差超出 $50Hz\pm0.5Hz$，可判定为电网频率异常。

二、导致频率异常的因素

电网事故造成频率异常。发生电网解列事故，受端电网发电出力低于有功负荷需求，使频率下降。发电机跳闸后，电网出现发电缺额，使电网频率降低。电网运行方式安排不合理造成频率异常。电网运行方式安排不合理表现在对电网负荷预测不准确，使得发电机出力安排不当，导致低谷负荷时电网频率偏高，高峰负荷时电网频率降低。

三、频率异常时的处理

（1）调整负荷。由系统中的低频减载装置切除负荷；由系统中电网安全稳定装置切除负荷；由调度员下令拉开负荷线路或者负荷变压器；由变电站按照预先规定切负荷顺序表拉开负荷线路断路器。

（2）调整发电机出力。当频率高出正常值时，高频切机装置动作，切除部分机组；调度下令停止部分机组；电厂值班员紧急降低机组出力；命令抽水蓄能机组改变运行工况。

（3）跨区电网事故支援。目前1000kV和750kV交流电网、±300kV及以上电压等级直流电网网架逐渐坚固，输电可靠性得到大幅度提高。在跨区电网发生事故时，非故障电网通过联络线路可以对故障电网提供事故有功功率支援。

（4）恢复系统联网运行。当电网发生分片独立运行时，出现频率异常，该片内又缺乏调整手段，此时应尽快恢复与主网并列运行。

四、具体处理方法

当省区电网与跨省区电网联网运行，系统频率降至49.8Hz以下或者超过50.20Hz以上时，省区电网调度员应当按照网调值班调度员指令进行处理，使电网频率恢复正常。省区电网（或者局部系统）与主网解列运行，频率降低，则应当按照如下原则进行：

（1）系统频率在49.0～49.5Hz间运行，各发电厂出力已达到最大值，而频率仍不能恢复到正常时，省调值班调度员应当通知各地调值班调度员和省调直调电力客户，令其降低负荷，若5min内负荷仍未下降，值班调度员可下令拉路限电。

（2）当系统频率降低至系统低频减载装置整定值以下时，装有自动低频减载装置的变电站和电力用户单位，应当迅速检查该装置的动作情况；当频率低于整定值而该轮次的开关未动作时，值班人员应当不等待调令立即切断该频率下未动作的线路断路器。

（3）当系统频率低于49.0Hz而负荷仍有上涨趋势时，值班调度员应当下令切除部分负荷，使频率恢复到49.5Hz以上。

（4）系统频率突然升至50.20Hz以上时，地区调度管辖的电网或者局部系统与主网解列运行；当系统频率高于50.20Hz时，调频厂应当不等待调令立即降低出力，使频率恢复正常。如果无法使频率恢复正常，应当报告省调值班调度员。当系统频率高于50.50Hz时，系统内各发电厂均应不等待调令降低出力，使频率恢复至50.20Hz以内。如果发电厂调整容量不足，省调值班调度员可采取解列机组的措施。装有高频切机装置的发电厂，当频率已高至动作值而装置未切机时，应当手动解列该发电机组。

（5）当安全稳定控制装置或者低频减载装置动作后，监控值班员、发电厂、地调和电力用户应当立即向省调汇报装置动作情况及切负荷量等，省调汇总后汇报网调。

（6）凡调度指令限制或者切断的负荷，以及自动低频减载装置动作切断的负荷，未经值班调度员的命令，任何单位不得自行恢复供电，应等待相应调度机构值班调度员的操作命令。

（7）当系统频率恢复到 49.8Hz 以上时，省调值班调度员应当根据当时系统和发电厂出力情况，逐步恢复对停电、限电的电力线路及用户供电。

3.1.2　电压异常处理

一、电压异常判定

系统电压监视控制点电压偏差超出电压曲线值±5%，且延续时间超过 2h，或者偏差超出±10%，且延续时间超过 1h，为不合格电压。为了保持系统的静态稳定和保证电能质量，发电机最低运行电压均不得低于额定值的 90%。

二、导致电压异常的因素

导致低电压的因素有无功电源不足和无功功率分布不合理。导致高电压的因素有电网局部无功功率过剩。导致电网过电压的因素有直击雷或雷电感应产生的大气过电压、空载长线路的电容效应和不对称故障引起的非故障相电压升高等工频过电压以及切除空载变压器、切除空载长线路和解合环等操作时引起的操作过电压。

三、电压异常降低处理

增加系统发电机无功出力；投入系统无功补偿电容器；切除并联电抗器；投入用户侧无功补偿装置；切除部分负荷和升高变压器有载调压挡位。

四、电压异常升高处理

降低发电机无功出力；切除系统无功补偿电容器；投入并联电抗器；切除用户侧无功补偿装置；降低变压器有载调压挡位；系统电压异常，备用调整能力达到极限仍不能使电压恢复正常时，可以改变系统运行方式，加强电网结构，使电压恢复正常。凡调度指令限制或者切断的负荷，以及稳控装置、自动低压减载装置动作切断的负荷，恢复供电时应在省调值班调度员的命令下执行。

3.2　电网和设备事故处理

电网事故是指电力系统中的电气设备故障和设备原因、人员责任、自然灾害等引起电能供应数量或质量超过规定范围的事件。

电网事故处理的原则：尽快限制事故发展，消除事故根源并解除对人身和设备安全的威胁；用一切可能的方法保持主网的正常运行及对用户的正常供电；尽快使各电网、发电厂恢复并列运行；尽快对已停电地区恢复供电，对重要用户应尽可能优先供电；调整系统运行方式，使其恢复正常。

电网事故处理的依据：系统发生事故时，各级值班调度员根据继电保护、安全自动装置动作情况，调度自动化信息以及频率、电压、潮流等有关情况，判断事故地点及性质，继而迅速处理事故。

3.2.1　线路异常及事故处理

一、线路常见异常及处理

（1）线路常见异常。线路过负荷；线路三相电流不平衡；小电流接地系统发生单相接地；线路导线断股、线路悬挂异物、线路绝缘子破损、线路接线夹发热等。

（2）线路过负荷处理。增加受端系统发电机出力，增加无功出力，提高系统电压；降低送端系统发电厂有功出力；解列机组；受端系统转移负荷或切除负荷；改变系统接线方式，使潮流转移。

（3）线路三相电流不平衡处理。断路器非全相运行造成电流不平衡时，应立即拉开该断路器；单相接地造成三相电流不平衡时，应尽快消除或隔离故障点；负荷不平衡造成三相电流不平衡时，应改变运行方式或通知用户调整负荷分配；线路导线断股、线路悬挂异物、绝缘子破损、接头发热等缺陷引起三相电流不平衡时，应通知线路运维单位带电消缺。无法进行带电作业的线路，应停电消缺。

二、线路常见事故

线路常见事故按故障相别分为单相接地故障、相间短路故障和三相短路故障；按故障形态分为短路故障和断线故障；按故障性质分为瞬间故障和永久性故障。

三、线路跳闸事故处理

（1）双电源线路跳闸后进行处理时，应先查明线路有无电压。若线路有电压，恢复时应进行同期合闸。线路无电压时，应根据现场设备状况、保护及安全自动装置动作情况、故障录波器动作情况、天气情况等进行判断。有可能强送成功时，可强送一次。

（2）单电源线路跳闸后，无重合闸或重合闸未动作时，可立即强送一次。若强送失败或重合闸动作不成功时，经检查设备及线路均无异常，再强送一次。

（3）并列运行线路中一回跳闸，无重合闸或重合闸未动时，允许强送一次。当重合失败或强送失败时不再强送。

（4）受遮断容量或其他原因限制，不允许使用重合闸或不允许强送电的开关跳闸后，值班调度员应先通知线路运维单位进行查线，并将保护及安全自动装置动作情况、断路器跳闸情况、故障测距通知查线单位。查线人员未经调度许可，不得进行登塔检查故障，不得进行任何检修工作。值班调度员根据查线结果再决定是否强送电。

（5）当线路保护和线路高压并联电抗器保护同时动作跳闸时，应按线路和高压电抗器同时故障来处理事故。在未查明电抗器保护动作原因前不得进行强送电。在线路允许不带电抗器运行时，如需要对故障线路送电，在强送电前应先将高压电抗器退出运行。

（6）联络线事故跳闸造成电网解列时，值班调度员要根据变电站或监控值班人员汇报的情况处理。经确认线路有电压且设备无异常时，值班调度员应组织监控班或变电站进行同期并列操作。

（7）非本级调度调管线路跳闸时，运维站（或变电站）值班人员应立即向相应值班调度员汇报。

（8）对于一回线路带负荷，而另一回线路备用时，若带负荷线路跳闸重合不成功，应立即将负荷倒至备用线路，待故障消除后恢复正常运行方式。

（9）全电缆线路开关跳闸时，应立即通知有关单位检查设备，在未查明原因和消除故障前，不得送电。

（10）当电力客户专线跳闸时，值班调度员通知电力客户管理单位查线，并由该电力客户管理单位负责联系停送电事宜。

四、故障线路强送原则

（1）空充电线路、试运行线路、电缆线路、具有严重缺陷的线路故障跳闸后一般不应强送。

（2）若事故时伴随有明显的事故象征，如火花、爆炸声、电网振荡、冲击波等，待查明原因后再考虑能否强送。

（3）强送端应选择离主要发电厂及中枢变电站较远，且对系统稳定影响较小的一端。

（4）在局部电网与主网联络线跳闸强送时，一般选择由大电网侧强送，小电网侧并列。

（5）在强送前，要检查重要线路的输送功率在规定的限额之内，必要时应降低有关线路的输送功率或采取提高电网稳定的措施。

（6）若断路器遮断次数已达规定值，虽断路器外部检查无异常，但仍须经运行单位总工程师同意后，方能强送电。

（7）强送断路器应至少有一套完善的保护，强送断路器所接母线上必须有变压器中性点直接接地。

（8）强送前应控制强送端电压，使强送后首端、末端电压不超过允许值。

（9）带电作业的线路，工作前明确可以强送的，跳闸后可以强送。带电作业的线路，工作前明确不能强送的，跳闸后应联系作业单位的值班调度员、带电作业工作许可人、带电作业工作负责人后，决定是否强送。线路工作负责人在线路无论任何原因停电后，应迅速与值班调度员联系，说明现场情况，调度员决定能否强送电。

3.2.2 变压器异常及事故处理

一、变压器常见异常

变压器常见异常有过负荷；油色谱分析特征气体含量超标，如乙炔、总烃等气体含量超标；温升过高，包括变压器上层油温和绕组温度过高；过励磁；变压器渗漏油；轻瓦斯告警等。

二、变压器异常处理

（1）变压器过负荷处理。投入备用变压器；改变系统运行方式；转移负荷或限负荷。

（2）变压器温升过高处理。核对变压器温度遥测量是否准确；检查变压器温度计指示是否准确，用测温仪对变压器上部、底部、线圈所在部位分别进行温度实测；用变压器所带负荷及温度值与历史数据相比较；检查变压器冷却系统运行情况，手动开启辅助及备用冷却器；转移负荷或减负荷；确定因变压器内部故障导致温升过高，温度并不断上升时，立即停止变压器运行。

（3）变压器过励磁处理。及时调整变压器电压，密切监视并将变压器出口电压控制在合格范围内。

（4）变压器渗漏油处理。变压器本体及个别附件渗油时，通知运维单位安排消缺；变压器严重漏油时，通知运维单位立即消缺，并补油；变压器漏油影响继续运行时，应立即转移负荷，将变压器转为冷备用，进行消缺。

（5）变压器轻瓦斯告警处理。立即检查变压器本体，取气检验。若因进入空气造成轻瓦斯继电器动作告警，应加强监视，若轻瓦斯动作的时间间隔逐渐缩短，即可不做处理。如检验气体为内部故障产生的气体，应立即进行实验室分析，观察产气量变化。如故障气体产生速率加快，应立即停止变压器运行。油位降低造成轻瓦斯告警，应立即补油。

三、变压器常见故障

（1）变压器内部故障。磁路部分故障包括铁芯、铁轭、夹件及铁芯多点接地。绕组故障包括引线、绝缘、绕组故障，如绕组变形、绝缘击穿、断线、绕组层间及匝间故障；结构件和组件故障，如内部金具、分接开关、套管、铆钉等故障；绝缘油故障。

（2）变压器外部故障。外部故障包括各种原因引起的严重漏油、油位急剧降低；冷却系统故障；分接开关及传动装置故障；变压器附件故障，如储油柜、套管、测温装置、呼吸器、油位计、气体继电器、压力释放装置等故障；变压器所属间隔电压互感器、避雷器、断路器、隔离开关等元件故障引起主变压器保护动作跳闸，电网其他元件故障引起主变压器后备保护动作。

四、变压器故障原因

（1）设计制造原因。如设计、制造、材料、运输、安装等质量问题。

（2）运行使用不当。如过负荷运行、系统严重冲击、电网操作过电压、电网励磁涌流、恶劣环境等。

（3）维护管理不善。如内部局部放电和介质损失定期检验、油化分析等不及时，一般缺陷初期消除不及时等。

（4）恶劣天气影响。如雷击、大风导致的异物对变压器外力破坏。

五、变压器故障处理

（1）变压器主保护（瓦斯、差动保护）动作跳闸，未经查明原因和消除故障之前，不得强送电。

（2）变压器因外部故障，后备保护动作断路器跳闸时，现场人员可不待调令，在外部故障消除或者将故障设备隔离后，立即恢复该变压器的运行，维持非故障设备的供电，并立即汇报值班调度员。双电源的联络变压器因外部故障跳闸时，恢复同期并列必须按照值班调度员的调令进行。

（3）如确认变压器跳闸是由保护误动作引起的，可退出该保护装置，立即恢复变压器的运行，同时迅速消除该保护装置的缺陷。在无主保护的情况下，严禁将变压器投入运行。

（4）并列变压器之一故障跳闸后，监控员应当配合调度员密切监视运行变压器的过载情况，必要时转移负荷或减负荷。

（5）变压器差动保护动作后，值班调度员根据运行监控信息及事故信息，立即通知运维站值班人员及检修专业人员检查设备，运维站人员将检查情况及时汇报值班调度员及本单位领导，并检查变压器本体有无故障，检查差动保护范围内的绝缘子是否有闪络、损坏，引线是否有短路，检查保护回路是否有故障等。在查明原因和消除故障后，经总工或主管生产的公司领导批准后，方可将变压器投入运行。

（6）变压器瓦斯保护动作后，值班调度员根据运行监控信息及事故信息，立即通知运维站值班人员及检修专业人员检查设备，运维站人员将检查情况及时汇报值班调度员及本单位领导，并对变压器进行检查，在查明原因和消除故障后，经总工或主管生产的公司领导批准后，方可将变压器投入运行。

（7）变压器过电流保护动作后，值班调度员根据运行监控信息及事故信息，立即通知运维站值班人员及变电检修专业人员检查设备，运维站人员将检查情况及时汇报值班调度员及本单位领导，并检查母线设备有无短路，检查变压器及各侧设备有无短路，检查线路保护有无动作或拒动等，经检查无明显故障现象后，在拉开停电母线上所有断路器的情况下，经总工或主管生产的公司领导批准后，可以将变压器投入运行。变压器充电正常后，再向母线充电，并逐次试送每条出线断路器。

3.2.3 断路器和隔离开关异常及事故处理

一、断路器异常及处理

（1）断路器常见异常。电气或机械原因引起的断路器拒分；电气或机械原因引起的断路器拒合；断路器非全相运行；SF_6 断路器压力降低；GIS 设备断路器气室压力降低。

（2）断路器异常处理。

1）当断路器拒分时，用旁路或母联断路器转移或降低异常断路器的负荷，用隔离开关断开拒分断路器。

2）3/2 接线断路器拒分时，可用两侧隔离开关直接解环，隔离拒分断路器。

3）母联断路器拒分时，可用倒母线方法，使母联断路器负荷为零后，用隔离开关隔离该拒分断路器。

4）断路器拒合时，应将断路器转检修，立即查明原因再投入运行。

5）操作时若出现断路器非全相运行，应立即拉开该断路器。运行中出现断路器非全相时，如果两相在合闸，一相断开，应立即合上断开相；两相断开，一相合闸时，应拉开合闸相，再进行处理。

6）运行中 SF_6 断路器压力降低，未达到闭锁值时，立即通知运维单位补气。

7）GIS 设备断路器气室压力降低，未达到闭锁值时，立即通知运维单位补气。气室压力降低至闭锁值时，严禁操作该断路器，立即通知运维单位补气。

二、隔离开关异常及处理

（1）隔离开关常见异常。隔离开关分合不到位；隔离开关接头发热；GIS 隔离开关气室压力降低；隔离开关支柱绝缘子出现裂纹或断裂。

（2）隔离开关异常处理。

1）隔离开关分合不到位应立即处理。

2）隔离开关接头发热，应转移负荷，加强测温和巡视。

3）GIS 隔离开关气室压力降低，立即通知运维单位加气。

4）运行中隔离开关支柱绝缘子出现严重裂纹，或者裂纹不严重，但裂纹处伴随有放电现象，应立即停电处理。如果绝缘子裂纹细小，而且没有其他异常现象伴随，其绝缘性能也已经降低，应安排近期停电处理。运行中隔离开关支柱绝缘子断裂，还未造成事故时，应立即停电处理。倒闸操作过程出现绝缘子断裂时，应在更换后再投入该隔离开关。

三、断路器及隔离开关事故处理

（1）GIS 断路器及隔离开关气室压力降低闭锁时，严禁操作断路器及隔离开关，立即加气。

（2）断路器操动机构油压、空气压力、弹簧压力降低闭锁时，严禁操作断路器，立即对操动机构手动建压。手动建压时还应采取防止断路器慢分闸的措施。3/2 接线断路器出现该现象时，立即隔离该断路器。

（3）运行中断路器拒分造成电网越级跳闸时，立即设法使该断路器与电源隔离，恢复其他设备正常供电。

（4）断路器和隔离开关支柱绝缘子闪络或断裂，立即将该设备与电源隔离，并进行停电检修、参数测试。

（5）运行中断路器本体三相不一致保护误动作时，应立即将该断路器转检修，检查二次回路。在未查明原因，消除故障前严禁投入该断路器。例如：某变电站330kV线路断路器在运行中发生断路器本体三相不一致保护动作，断路器 B 相跳闸。该线路的两套线路保护及专用断路器保护均未启动。调度将该断路器转检修，维护单位对断路器二次回及线路保护、断路器保护二次回路进行检查，未发现异常。将该线路投入运行后，5h 内再次发生断路器本体三相不一致保护动作，断路器 B 相跳闸，线路保护和断路器保护未启动。该断路器转检修后，组织二次专家组检查断路器本体三相不一致回路，发现三相不一致继电器接点损坏，发生了三相不一致保护误动作。更换继电器后，将线路投入运行，没有再发生三相不一致保护误动作现象。

3.2.4　母线事故处理

一、母线事故处理原则

（一）发电厂母线电压消失处理原则

（1）发电厂母线电压消失时，值班人员应当不待调令拉开失压母线上的所有断路器，同时用本厂发电机组迅速恢复厂用电，并立即将事故情况报告给值班调度员。

（2）若母线差动保护动作确系母线故障引起，经检查处理无异常后，可向母线充电或者由发电机零起升压，正常后恢复母线运行。

（3）对主接线为双母线的发电厂，先利用非故障母线恢复系统正常运行，然后按照事故处理原则处理故障母线。

（4）若判明母线电压消失原因为母线保护误动引起，母线保护为双配置时可退出误动的母线保护、不经检查立即向母线充电，无异常后恢复所有出线正常运行。当母线保护为单配置，且母线保护暂时不能恢复时，应先调整主变压器保护整定值，再将母线恢复运行。

（5）母线故障时，未经检查不得强送。当查明母线无故障或者属瞬间故障且已消除，可以对停电母线恢复送电。找到故障点但不能很快隔离的，应当将该母线转为检修。

（6）经检查没有找到故障点时，可以对停电母线试送电一次，对停电母线进行试送电应尽可能使用外来电源，试送断路器必须完好，并有完备的继电保护。有条件者可对故障母线进行零起升压。

（7）在恢复母线运行后，值班调度员再根据实际电网情况恢复对电力客户的正常供电，进行发电厂与系统并列运行的操作。

（二）多电源的联络变电站母线电压消失时处理原则

（1）多电源的联络变电站母线电压消失时，变电站值班人员或监控人员应当立即向值班调度员报告，由值班调度员根据系统情况处理。

（2）若母差保护动作确系故障引起，应当经检查处理消除故障后，再向母线充电恢复正常运行。若该变电站为双母线接线，则应当首先利用非故障母线恢复系统正常运行。

（3）若由于外部故障，母差保护误动作使母线电压消失时，可立即向母线充电，同期并列后恢复正常运行方式。

（4）若系其他后备保护误动作，使所有电源开关同时跳闸造成母线电压消失时，现场值班人员或监控人员应当立即拉开该母线上的所有开关，可不经检查选择一个电源进线对母线强送电一次，强送成功后，立即报告值班调度员，恢复同期并列和母线的正常运行方式。

（5）若系线路保护或线路断路器拒动造成相应母线失压时，先判断出故障线路，隔离拒动断路器，恢复母线正常运行。

（三）单电源终端变电站母线电压消失处理原则

（1）若变电站内所有断路器继电保护装置均未动作，而且母线电压消失时，值班人员或监控人员应当立即报告其所属值班调度员，按值班调度员的要求，随时向该变电站送电而无须事先通知。

（2）若变电站主变压器所属断路器跳闸使母线电压消失时，则按照变压器事故处理的规定处理。

（3）双母线之一故障时，在未查清原因并排除故障前，严禁用母联断路器向该停电母线强送电。

二、GIS 母线失压处理

双母线（包括双母单分段、双母双分段）结线方式，GIS 母线失压时，因无法观察到故障点，应首先将接于失压母线的所有隔离开关拉开，然后用外来电源对接于该母线的线路、母联断路器、隔离开关、变压器，带电逐段查找故障点。查找故障点时，应特别注意对线路、变压器与失压母线之间 T 接点的检查。

三、断路器失灵保护动作使母线失压处理

断路器失灵保护动作或出线、主变压器后备保护动作造成母线失压，应迅速将故障点隔离，再恢复母线运行。

四、发电厂（站）并网运行的变电站母线失压处理

有发电厂（站）并网运行的变电站，在母线电压消失时，应将发电厂（站）解列，待故障消除且母线恢复正常运行后，再将发电厂（站）并网发电。

3.2.5 继电保护和自动装置异常及事故处理

一、继电保护和自动装置异常处理

（1）继电保护载波通道、微波通道、光纤通道异常时，应将保护的相应部分退出运行。例如：光纤差动保护的光纤通道异常时，应将该保护的差动部分退出运行。

（2）继电保护电压互感器、电流互感器回路异常时，应通知检修维护人员立即检查消缺，必要时退出该保护。

（3）继电保护二次回路接线错误，在二次安全措施可靠的情况下，应立即恢复正常接线。在恢复正常接线时有可能造成保护误动的，应退出该保护后，恢复正确接线。

（4）继电保护装置直流回路接地、断线、直流空气开关跳闸，交流电串入直流回路，应立即检查处理。

（5）误投退保护功能压板或出口压板，一旦发现应立即改正。装置内的软压板投退会影响保护装置正常工作时，应退出该保护，再修改软压板状态。

（6）继电保护及安全自动装置电源异常，运行人员不能处理时，由保护检修人员立即处理。

（7）保护装置插件故障，不闭锁保护功能时，由保护检修人员立即处理。插件故障，闭锁保护时，应退出该保护，再进行处理。

（8）对于有自动保存运行信息功能的保护装置死机后，运行人员可以进行装置重启动。对于没有自动保存运行信息功能的保护装置死机后，运行人员不得进行装置重启动，由保护检修人员备份运行数据后，再进行处理。

（9）保护装置程序异常时，立即退出该保护，通知保护检修人员和产品生产厂家立即处理。

（10）故障录波器、行波测距、同步向量测量装置异常时，运行维护单位应立即检查处理。

（11）电网安全稳定控制系统异常处理按照第2章有关内容执行。

（12）继电保护、自动装置异常时，监控人员或现场运行人员应在通知运维单位检查处理的同时，汇报调度人员。调度人员应考虑异常保护对系统可能造成的影响，及时采取相应措施，制定相关事故预案。

二、继电保护和自动装置故障处理

（1）双配置保护其中一套故障时，在另一套保护运行正常的情况下，立即退出故障保护。

（2）设备主保护必须与设备同时运行。如设备主保护因故不能正常运行时，应当设法将该一次设备停运。

（3）安全自动装置异常或者故障时，应将该装置退出运行进行检查，防止其误动。

（4）对电网影响较大的安全自动装置故障需退出运行时，应当根据电网情况采取补救措施。如系统内的安全稳定控制装置故障，退出运行时，应加强对系统内重要断面联络线路和主要设备运行负荷情况、潮流变化情况的监视。

3.2.6　发电设备异常及事故处理

一、发电设备异常处理

（1）当发电机出现水击、机组超速、胀差超过允许值、机组内有清晰的金属声、控制箱油位低于停机油位、油系统着火、冷却器出口油温过高或超出规定值、轴承金属温度高、发电机密封油回油温度高、热蒸汽温度高、高压缸排汽温度高、低压缸排汽温度高、主机轴向位移大、偏心率大、主机推力轴承温度高、主机凝汽器水位高等情况时，需要紧急停机。

（2）当发电机、励磁机内冒烟、着火或氢气爆炸，发电机或励磁机发生严重振动时，发电机必须与系统解列。

（3）当发电厂设备异常时，调度应调整其他机组出力，使电网频率维持在合格范围内；安排机组启停或限电计划，满足电网在高峰和低谷时的需要；负荷中心机组故障时，及时投入有功和无功容量，使小地区电压和联络线潮流调整至合格范围。

二、发电设备事故处理

（1）发电机失磁处理。立即将失磁发电机与电网解列；若发电机无法解列，则迅速降低发电机有功功率，同时增加其他发电机无功功率。

（2）发电机非全相运行处理。发电机一相断开，两相合入时，立即合入断开相；发电机一相合入，两相断开时，立即将合入相断开；发电机发生非全相运行，且断路器闭锁时，立即将发电机出力降至最低，再进一步处理。

（3）发电机跳闸事故处理。装有失磁保护的发电机失磁但保护装置拒动时，如果不能立即恢复励磁，现场值班人员应当不待调度命令，迅速将失磁的发电机组解列，并立即汇报值班调度员。当发电机进相运行或者功率因数较高，引起失步时，应当立即减少发电机有功，增加励磁，以便使发电机重新拖入同步。若无法恢复同步，应当将发电机解列。发电机转子回路一点接地，可以允许继续运行，但应投入转子两点接地保护，水轮发电机转子发生一点接地，应当立即转移负荷，停机处理。在系统事故情况下，为加快事故处理，所有装有自同期并列装置的发电机，均可采用自同期方式并列。当发电机进相运行或功率因数较高，引起失步时，应立即减少发电机有功，增加励磁，以使发电机重新拖入同步。若无法恢复同步，应将发电机解列。发电机对空载线路零起升压产生自励磁时，应立即将发电机解列。

3.2.7　自动化设备异常处理

自动化设备异常时处理如下：

（1）当发生自动化信息中断时，省调值班调度员应当立即与监控员、现场及地调调度员取得联系，了解厂站当前各项运行数据，同时通知信息接收相关单位及自动化运行维护单位及时处理。

（2）自动化信息中断，立即通知运维操作站恢复现场监盘，厂站的值班人员每个整点应当向值班调度员汇报一次该厂站当前各项运行数据。

（3）监控班自动化系统失灵，造成无人值班变电站不能实现远方监视时，监控班人员应立即汇报本部门领导、值班调度员，同时通知自动化及通信人员立即处理，在此期间运维操作站需安排人员现场值班。

（4）通知所有直调电厂、变电站、AVC 和 AGC 均改为就地控制方式，保持机组出力不变。

（5）通知调频厂，按现地频率进行全网调频工作。

（6）通知所有直调电厂、变电站，加强监视设备状态及线路潮流，发生异常情况及时汇报调度。

（7）各下级调度应按计划用电，并严格控制联络线潮流在稳定限额内。

第 **4** 章

电网运行监视

4.1 变电站信息集中监控

4.1.1 变电设备集中监控业务交接

本节以省调集中监控为例讲述。

一、变电站信息集中监控的接入验收

变电站信息集中监控的接入和验收涉及变电站现场信息表的收集、整理、入库，同时还需完成画面的制作、信息的链接、告警分类设置、变电站的调试、"四遥"验收。在调试、验收阶段，调试、验收不能影响电气设备正常运行，还必须考虑安全措施的设置，防止误碰、误控运行设备。

（一）变电站集中监控接入验收的准备

（1）省调、各供电公司成立相应的工作组，由省调控中心领导统一协调，调度处长现场组织，自动化处配合。工作人员由省调监控人员、省调自动化处人员、地调自动化人员、各地（市）供电公司检修人员和运维操作站人员、调度主站和变电站监控系统厂方技术人员组成。

（2）省调度控制中心组织专家小组完成变电站运行监控信号采集规范定稿。

（3）各地（市）供电公司按照"信号采集规范"编制自动化设备信息表，经省调审核后提交自动化处入库。

（4）再次由自动化处完成省调图元规范定稿，并和监控人员确定监控系统主菜单和变电站监控显示画面模板。

（5）自动化处根据画面模板绘制所监控 500（330）kV 变电站的厂站接线图和符号、监控遥控操作的间隔分图。同时，省调控中心向网调统一提交检修申请单，并将批复申请单通知各 500（330）kV 监控班或监控中心（实行省调调控一体化的为监控班，实行省调加监控中心加运维站模式的为监控中心）。

（二）调试验收主要组织措施

（1）成立调度集控系统"四遥"试验领导小组和试验小组，明确各成员的职责范围。制定试验方案、试验三措及制定专用的试验记录，明确各变电站不同情况下的试验方法。

（2）试验前，首先与变电站核对"四遥"信息表，确保信息表顺序正确，并经省调、各地区供电公司签字认可信息表。

（3）调度提供"四遥"试验原则，由各地区供电公司和检修公司制定遥控、遥信的情况分析表，并核实现场遥控、遥信的实际情况，确定遥控、遥信试验对象和试验方法。

（4）制定详细的变电站调试验收执行细则。内容包括：

1）时间安排、各批次完成的变电站、同时进行的调试验收项目、主站配备的专业人员、每个变电站调试时间计划（按照变电站设备状况及信息量考虑）。

2）变电站人员组成，包括变电站所在供电公司（或省检修公司）的变电检修人员和运维操作站人员、监控系统厂方技术支持人员。各单位各专业具体人员数量，由工作量和人员技术水平决定。

3）主站人员组成，包括数据库建模和规约调试人员，监控显示画面制作人员（自动化人员），信息、画面核对、遥控试验人员（监控人员），厂方技术支持人员，各专业具体人员数量，由工作量和人员技术水平决定。

（三）调试验收主站端技术措施

（1）严格执行各项规程、规章制度和现场安全措施。

（2）有可能影响自动化系统正常运行的系统升级工作，如硬件调试、网络调整、软件升级，应执行"主站设备检修管理"流程，以免影响自动化系统正常运行。

（3）500（330）kV变电站绘制图形、录入数据库、通道调试、信息核对等工作，应执行"自动化基建维护"流程。

（4）预先分析各项工作的影响范围，工作前根据实际情况制定现场施工"三措"，经调控中心分管领导批准后实施。

（5）加强对厂家技术人员的管理，按照公司相关规定安全有序开展工作。工作开始前，全体工作人员必须认真学习试验"三措"，全面熟悉试验的各项要求和规定。

（6）制定相关系统和设备故障的应急预案。

（7）自动化系统联调试验，特别是涉及遥控的试验，必须做好完备的安全措施。主站遥控时必须两人进行，一人操作，一人监护。试验结束后必须填写试验报告，并经相关责任人签字确认。

（四）调试验收厂站端技术措施

（1）所有遥控压板必须退出，或拉开遥控用电源。

（2）所有开关由调控中心进行置反做遥控试验。如现场无遥控压板，则通过其他方式可靠断开遥控回路，但应防止误断开保护跳闸回路。

（3）遥控结果通过检查测控装置记录实现。

（4）遥控试验前首先应确认变电站直流系统正、负极对地处于平衡，对地电压正常，密切注意变电站直流接地等异常情况。

（5）拉开站内所有隔离开关操作电源，防止误拉合隔离开关。

二、变电站集中监控业务交接

（一）前期准备阶段

（1）完成监控运行管理规定、监控运行规程、监控事故预案、监控人员岗位职责、监控人员绩效考核标准、监控人员培训与晋级管理标准等文件的编制工作。

（2）完成监控业务工作联系人清单、设备间隔归口管辖调度清单、设备遥测越限值清单的整理工作。

（3）完成监控人员办公用品、生活用品的准备工作。

（4）完成各变电站"四遥"信息接入验收工作。

（5）完成监控信息表、现场运行规程、一次接线图、规章制度等资料的收集归档工作。

（6）开展监控人员培训定岗考试、持证上岗考试、定岗分班工作。

（7）将监控管辖变电站清单、监控人员名单、监控值班电话等发送至有业务联系的单位核查，并逐一核对各级调度和各运维站电话。

（8）组织开展对运维人员持证上岗的考试，对调度规程及"大运行"相关文件的熟悉程度进行考核，确保现场运维人员熟知调度和监控业务流程及各自工作职责，建立监控人员个人培训档案。

（二）业务核查阶段

（1）该阶段监控人员正式上岗，可对验收后的变电站进行遥信、遥测的监视，并对各站提交的资料、当前的运行状态进行熟悉。同时核对、完善相关资料，做好班内技术管理工作。核查内容有：监控员与地区 500（330）kV 运维站人员核对监控画面，包括运行方式、设备间隔名称、常亮光字牌等；核对遗留缺陷并作记录；核对近期检修任务、新建或改扩建工程等，发现问题及时整改；对监控画面进一步检查与完善，对前期未验收项目补验收，对交接期间新建或改扩建的工程进行"四遥"信号验收。

（2）完成监控系统高级应用功能的验收工作，包括越限告警功能、声光告警功能、置牌功能、集中监视画面等，完成监控系统责任区的划分工作。

（3）完成 OMS 系统的验收工作，包括监控运行日志、操作票等。

（4）充分考虑监控业务交接过程中可能出现的各种问题，并作进一步协调解决。

（三）业务移交阶段

（1）业务移交时，双方再次核对监控画面，包括运行方式、设备间隔名称、常亮光字牌等，核对遗留缺陷，核对当前操作任务票，核对当前的检修任务，核对近期新建或改扩建工程有无验收等，核对无误后通知各运维站和各级调度监控业务转移，待全部通知完毕后，正式完成监控业务的移交。

（2）对于部分由于技术条件不满足，尚未进行综合自动化改造的变电站仍维持有人值班方式，原职责及工作流程不变，按变电站有人值班模式开展相关业务，不与省调监控发生业务联系。

4.1.2 变电设备集中监控信息分类处理

一、监控信息分类处理的意义

（1）在变电站中，为了及时掌握设备的工作状态，必须用遥信和遥测信号显示当时的运行情况，以提醒运行人员迅速判明异常或事故的性质、范围和地点，以便于做出相应的处理。信号的及时和准确上送，关系着事故异常的及时发现和处理。

（2）在实现集中监控后，要对几十个乃至几百个变电站的信号同时进行集中监控，监控人员必须从中分析解读出相关重要信号，并作出必要的处理。任何信号的迟延、疏漏，都可能将异常转化为事故，将事故扩大化，将停送电的时间延长。

（3）在实际集中监控工作中，由于各变电站信号全部接入一套系统供监控人员监视，事故情况下大量信号的涌入，势必对监视质量产生巨大影响，延误事故或异常信息的分析判断，因此，在集中监控运行下，必须对信号进行分层、分流、分类，制定合理的信号处理机制，确保人员便捷监视、检索、分析信号，第一时间对异常信号作出反应。

（4）进行信息分层分区展示，减少非重要信号的干扰，减轻人员的监控压力，加强对重点信号的关注，事故情况下可以帮助调控人员清晰、快速地判断事故。

二、监控信息分类处理一般原则

（一）分层展示

调度、监控业务实现完全整合后，为便于各岗位人员更全面掌握电网运行重要信息，同时又能根据各自岗位职责和岗位需求，对信息进行分层监视，根据目前分层分区软件中"责任分区"功能，进行监控信息的责任分区设置。

（二）分区展示

（1）事故信息区。该区主要显示事故总信号、事故跳闸信息、保护动作信号及相应事件类软报文、重合闸动作信号、低频（低压）减载装置动作、备自投装置动作等。

（2）紧急故障区。该区主要显示电网一、二次电气设备状态异常，及设备健康水平恶化，并需及时作出处理的信号。例如：断路器控制回路或采样回路断线、装置异常、装置闭锁、过负荷、模拟量越限、开关非全相、全站直流消失、通信电源异常、全站通信中断等。

（3）异常信息区。该区显示主网一、二次设备状态有轻微的异常，需要加强关注并酌情给予处理的信号。例如：断路器弹簧未储能、打压电机运行超时、端子箱内单个空气开关跳闸、轻微过负荷信号等。

（4）状态信息区。该区需要重点监视电气设备运行状态以及运行方式（主要包括除以上3类信息外的其他二次信息）。例如：保护装置、故障录波器、收发信机等设备的启动及异常消失，母线电压并列，软压板位置信号，通信启动信号等。

（5）操作信息区。该区显示正常状态下断路器、隔离开关、接地刀闸等设备位置状态变位信号，以及相应事件类软报文；调度执行的遥控、遥调、挂牌，遥测遥信封锁置数等操作信息。

（6）未复归告警区。按照时间顺序显示未复归的告警信号，如某个动作的告警性信号已经复归，则这个信号应在"告警未复归页面"中消失。

（7）遥测越限区。显示各负荷、电压、温度等遥测信息的越限信号。如果负荷、电压、温度越事故上下限，则将该信息转至紧急故障区。

（8）即时（实时）信息区。汇总以上各区的所有信号，实现滚动显示。

（9）检修工作区。某个间隔被置"检修"牌后，该间隔的所有信号进入检修区页面显示。工作结束后，监控人员应恢复标示牌，解除置检修的信号。

（三）信息展示要求

（1）所有窗口有新的信号登录时，该信息标签闪动，单击"确认"后，该信息标签停闪。只要窗口内有未确认信号，该项标签一直闪动。还需要提供其他方式报警确认，如单点确认、成组确认等手段。

（2）各类信号能以不同颜色显示，其中事故信号、紧急故障信号"动作"显示红色，异常信息显示粉红色，状态类信息显示蓝色，其他显示绿色，所有信号确认后以黑色字体显示。

（3）各类信号应能有不同的声音报警，事故信息动作音响为"喇叭"声，同时进行语音报警；紧急故障信息音响为"铃"声，同时进行语音报警；异常信息仅语音报警；状态及其他信息不发音响。

（4）监控系统应提供历史事项查询功能，在历史事项查询模块中应能选择变电站、间隔、设备、时间、信号类别等项目进行单项或综合检索，且具备模糊检索功能。

（5）具备按厂站和间隔快速过滤功能。通过告警窗上的厂站和间隔选择对话框，可以方便查看某个厂站和间隔的告警。也可以在告警窗上先选中某条告警，通过右键菜单的快速定位厂站和间隔功能，查看当前设备所属的厂站和间隔的告警。

（6）具备告警和图形联动功能。在告警窗上可以通过右键菜单快速打开当前设备的厂站图，也可以通过图形查看当前厂站和间隔告警功能，告警窗会自动过滤设备所在厂站和间隔的告警。

（7）提供方便的告警定义工具。通过告警分类定义工具，可以快速定义信号所属分类和每类告警的处理方式。

（8）保护动作出口类信号定义为未复归信息，但需要剔除部分保护信号，如"远方就地"等，可以通过在保护信号类型中增加"不上未复归信息类"保护信号来区分是否上未复归信息区。

（9）厂站图上应有触发联动告警窗未复归信息页功能（即在厂站接线图上单击按钮可将该厂站未复归信息在告警窗中检索出来）。取消告警窗信号确认与图形上对位功能联动，改为各自确认。

（四）信息命名规范

（1）编制信息规范名称应以贴切描述实际意义，便于运行监控人员准确理解一、二次设备运行状态为原则。

（2）信息全称应由变电站名称＋电压等级＋间隔名称（双重编号）＋装置名称＋信息规范名称组成。

（五）信息展示具体分类

（1）一类事故信息。主要反映由于非正常操作和设备故障，导致电网发生重大变化而引起断路器跳闸、保护装置动作（含重合闸等）的信息，以及影响全站安全运行的其他信息，如主变压器冷却器全停、火灾报警，该类信息以红色标识。

（2）二类异常信息。主要反映电网一、二次电气设备状态异常及设备健康水平变化的信息，如断路器控制回路断线、装置异常、装置闭锁、过负荷、开关非全相、模拟量越限、通信电源－48V 输出告警、设备 SF_6 气压降低报警、空气压力降低报警等信息，该类信息以黄色标识。

（3）三类状态信息。主要反映电气设备运行状态以及运行方式，如断路器、隔离开关变位信息、反映保护功能的压板、同期压板投退的信息等，还包含保护装置、故障录波器、收发信机等设备的启动、异常消失信息、断路器频繁打压等信息等，该类信息以绿色标识。

变电站监控系统应区分调控重点信息和非重点信息。原则上三类状态信息中的二次设备启动等为次要信息，反映综自系统状态的信息，以及供远动、保护专业人员查询的信息均不列为调控重点信息。

（六）信息显示原则

（1）信息显示方式应包括图形、光字牌、事项显示窗以及历史事项检索等。

（2）光字牌选取的原则是包括第一、二类硬接点信息，反事故措施要求的软报文信息（如差动保护 TA 断线信息），保护测控一体化装置的重要软报文信息（含保护测控装置动作总、告警总两个信息）等。

1）光字牌点亮时应按类别显示不同颜色，其中断路器事故变位及第一类信息，光字牌应显示红色。

2）光字牌应设置在设备间隔分图内，并在主接线图上有显示该间隔内是否有光字牌点亮的标识，该标识在间隔分图内有新的光字牌动作后闪烁，确认后常亮。设立"变电站一览表"，统一标识各变电站内是否有光字牌亮，该标识在变电站内有新的光字牌动作后闪烁，确认后常亮。

3）对于保护动作类信息的光字牌，应能分层显示。例如：某间隔保护动作光字牌点亮后，单击该光字牌能弹出一组光字牌或事项窗，其中显示具体是何种保护动作（如过电流 I 段、过电流 II 段等）。

4）应具备汇总点亮的光字牌、选定时段内动作的软报文信息的功能，可以按站、信息类型汇总。监控运行人员应在交接班时巡视汇总的光字牌以及软报文信息。

（3）在事项显示窗内只显示调控监视重点信息，不显示 SOE（事件顺序记录）信息。信息应按不同类别在不同区域显示，原则上按下列 6 个区域显示：

1）断路器事故跳闸区。显示断路器位置在非正常操作状态下由合到分变位信息。

2）事故信息区。由保护动作硬接点以及相应的事故类软报文组成。

3）异常信息区。显示异常类的软报文以及硬接点信息。

4）状态信息区。显示反映电气设备运行状态的信息。

5）遥测越限区。显示负荷、电压、温度等遥测信息的越限信息。

6）全部信息区。汇总上述 5 个区的信息。

（4）事项显示窗应能按变电站、事项类别进行个性化定义。事项显示窗应具备多窗口显示功能，各窗口应能同时显示。各类信息应能以不同的颜色显示，其中断路器事故跳闸及事故信息应显示为红色。各类信息应能有不同的声音报警，开关事故跳闸及事故信息发警笛，异常发警铃，状态信息发提示音。

（5）变电站监控系统应具备历史事项查询功能，应能选择变电站、间隔、设备、时间、信息类别等项目进行单项或综合检索，且具备模糊检索功能。

（6）变电站监控系统应具备间隔和装置的检修手动挂牌功能，某间隔（装置）挂检修牌后，该间隔（装置）上送的遥信、遥测信息、保护软报文不在运行监控工作站上显示，但不影响调试。

（7）监控后台遥测量信息应与相应设备单元链接，以方便查询。

（七）信息显示举例

××省调控中心信息采集分类如下：

（1）事故信息（A 类）。指反应事故的信号及断路器变位信号，包括：

1）断路器位置。

2）保护动作信号。

3）单元事故信号。

4）全站事故总信号。

告警分上下窗，上窗口为动作未复归信号，A 类信号优先等级最高，为防止信号堵塞，事故时优先上送该类信息；出现断路器和事故总信号时，合成"事故跳闸"语音告警，同时推事故画面。

（2）异常信号（B 类）。指有关设备失电、闭锁、告警、通信中断等信号，包括：

1）断路器机构告警信号。包括分合闸闭锁、SF_6 告警闭锁、氮气压力低报警、弹簧未储能等。

2）保护装置异常信号。

3）二次回路告警信号。

4）自动化设备异常信号。

5）AVC 异常信号。

6）其他异常信号。

监控人员发现异常信息，应通知运维站人员进行装置检查。除确认为误发信息，否则，不论信号复归与否都要通知运维站人员检查确认。例如：某日，某集中监控中心发现某变电站线路保护装置呼唤信号告警，遂通知运维人员现场检查复归，在运维人员赶赴该变电站检查途中，该信号自行复归。监控人员随即通知运维人员"信号已复归，不用到现场检查了"。两日后，该线路发生故障，线路保护未动作，母差保护动作，线路所在母线失电，对地区供电造成了严重影响。经专业检查，该线路保护装置出现异常告警后不久即损坏，造成自身告警信号复归的假象，而监控人员认为装置异常信号消失就是装置恢复正常，没有深究异常产生的原因，导致事故扩大。B 类异常的告警优先等级仅次于 A 类事故信号，监控中应重视分析检查。

（3）遥测越限（C 类）。指模拟量越限信号，包括电流、电压、有功功率、力率、温度和一些总加计算值等信号。遥测越限设置的依据一般是设备运行规程、设备参数、调度文件、厂家特别要求等。越限较大的，可提升告警等级。

（4）变位信号（D 类）。包括隔离开关、接地刀闸、二次切换开关、压板等信息。

（5）告知信号（E 类）。指一般的提醒信号，包括油泵启动、VQC 自动调节、变压器分接头挡位变化、变压器滤油设备动作等。

4.1.3　变电设备集中监控信息采集和命名原则

每一座 500kV（330kV）变电站的总信息有 10000～20000 条，由于调控中心主站所接入的变电站较多，信息处理量很大，为了既不影响监控变电站主要信息，又能兼顾所有变电站主要信息及时上传，所以接入主站的信息是在每个变电站的所有信息中进行筛选，选出 3000～5000 条信息上送至主站。在实际监控业务进行中，监控员必须清楚本监控系统选择信息的原则（信息合并原则）。同样地，220kV（110kV）电网监控系统也要进行信息筛选和合并，一般选择本站总信息量的 1/4～1/3 送往主站监控后台机。

调控系统采集的信息，原则上应包括所监控变电站内所有设备提供的信息。电网以及设备的每一条信息，都要经过层层审核、筛选，最终才能决定该信息送往哪一级信息库。调控中心信息审核流程如图 4-1 所示。

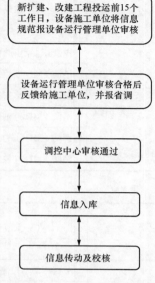

图 4-1　调控中心信息审核流程

一、信息命名

（一）信息命名原则

信息全称应由变电站名称＋电压等级＋间隔名称（双重编号）＋装置名称＋信息规范名称组成。信息名称应以贴切描述实际意义，便于运行监控人员准确理解一、二次设备运行状态为原则。

（二）信息命名举例

信息命名举例见表 4-1～表 4-15。

表 4-1　　　　　　　　　　主变压器信息表 1

设备名称	信息名称 （厂家或设备原始名称）	信息规范化名称 （针对进综自系统的信息）
	主变压器本体信息	
330kV 主变压器 本体信息	本体重瓦斯	本体重瓦斯动作
	本体轻瓦斯	本体轻瓦斯发信
	本体压力突变	突发压力继电器跳闸
	本体油位异常（油位高/油位低）	本体油位异常
	本体压力释放	本体压力释放动作
	中性点绕组过温跳闸	公共绕组过温跳闸
330kV 主变压器 在线监测	变压器油在线监测一级报警	变压器油在线监测一级报警
	变压器油在线监测二级报警	变压器油在线监测二级报警
	变压器油在线监测装置故障报警	变压器油在线监测装置故障报警
330kV 主变压器消防	主变压器消防柜火警信息	本体重瓦斯动作
	主变压器消防柜装置电源消失	主变压器消防柜装置动作信息

设备名称	信息名称 （厂家或设备原始名称）	信息规范化名称 （针对进综自系统的信息）
	主变压器本体信息	
330kV 主变压器消防	主变压器消防柜装置动作信息	本体重瓦斯动作
	消防 FMD 断流阀动作	本体重瓦斯动作
	消防 FMD 火灾报警	本体重瓦斯动作
	消防 FMD 排油阀动作	本体重瓦斯动作
	消防 FMD 压力报警	[1 号主变压器]充氮灭火氮气压力低报警
	消防 FMD 注氮阀动作	本体重瓦斯动作

表 4-2   **主变压器信息表 2**

设备名称	信息名称 （厂家或设备原始名称）	信息规范化名称 （针对进综自系统的信息）
	主变压器冷却器信息	
分相式油浸 自冷/油浸风冷 （ONAF/ ONAN）	A 相冷却器控制电源故障	A 相冷却器控制电源故障
	PLC 电源故障	冷却器 PLC 装置电源故障
	冷却器手动控制	冷却器手动控制
	冷却器 PLC 控制	冷却器自动控制
	总电源 1 故障	冷却器总电源 I 故障
	总电源 2 故障	冷却器总电源 II 故障
	A 相风冷电源 1 故障	A 相冷却器电源 I 故障
	A 相风冷电源 2 故障	A 相冷却器电源 II 故障
	A 相工作冷却风扇故障	A 相冷却风扇故障
	A 相冷却风扇全停故障	A 相冷却器全停
	A 相冷却器加热回路故障	A 相冷控柜加热回路故障
	冷却器备用电源投入	冷却器备用电源投入
	冷却器双电源消失	冷却器双电源消失
	冷却器 I 风冷启动	冷却器 I 风冷运行
分相式强迫油 循环风冷 （ODAF）	A 相冷却器控制电源故障	A 相冷却器控制电源故障
	A 相工作冷却器故障	A 相冷却器故障
	A 相冷却风扇全停故障	A 相冷却器全停
	B 相冷却电源 1 故障	B 相冷却器电源 I 故障

设备名称	信息名称 （厂家或设备原始名称）	信息规范化名称 （针对进综自系统的信息）
	主变压器冷却器信息	
分相式强迫油循环风冷（ODAF）	B 相冷却器电源 2 故障	B 相冷却器电源 II 故障
	B 相工作冷却器故障	B 相冷却器故障
	B 相冷却风扇全停故障	B 相冷却器全停
	冷却全停跳闸	冷却器全停跳闸
	油流量低报警	油泵油流量低报警
	备用冷却器运行	备用冷却器投入
		备用冷却器投入故障
		冷却器投入故障
		冷却器全停延时节点动作
		冷却器直流电源故障
		冷却器交流电源故障
		风扇故障
		辅助冷却器投入
三相一体式强迫油循环风冷（ODAF）	备用冷却器运行	备用冷却器投入
	冷却器工作电源故障	冷却器工作电源故障
	冷却装置交流电源故障	冷却器交流电源故障
	冷却装置直流电源故障	冷却器直流电源故障
	工作冷却器故障	工作冷却器故障
	备用冷却器故障	备用冷却器故障
	冷却器全停	冷却器全停
	冷却器故障	冷却器故障
	冷却器全停跳闸	冷却器全停跳闸
	油流量低报警	油泵油流量低报警
	冷却器启动	冷却器运行

表 4-3 　　　　　　　　　　　主变压器信息表 3

设备名称	信息名称 （厂家或设备原始名称）	信息规范化名称 （针对进综自系统的信息）
	主变压器有载调压信息	
三相一体 有载调压	有载调压装置操作	有载调压分接头调整中
	有载调压装置相间失步	有载调压装置相间失步

设备名称	信息名称 （厂家或设备原始名称）	信息规范化名称 （针对进综自系统的信息）
	主变压器有载调压信息	
三相一体 有载调压	有载调压装置组间失步	有载调压装置组间失步
	有载调压装置直流电源故障	有载调压装置控制电源故障
	有载调压装置交流电源故障	有载调压装置电机电源故障
	有载开关压力释放	有载压力释放动作
	有载油位异常	有载油位异常
	有载重瓦斯	有载重瓦斯动作
	有载轻瓦斯	有载轻瓦斯发信
	滤油机报警	滤油装置异常
	滤油机运转	滤油机运转
	有载调压控制器就地控制	有载调压控制器就地控制
		调压电机运转
		调压电机回路断线
		有载分接开关就地信号
		有载分接开关电机保护动作

表 4-4　　　　　　　　断 路 器 信 息 表

设备名称	信息名称 （厂家或设备原始名称）	信息规范化名称 （针对进综自系统的信息）
	断路器本体信息	
330kV 断路器 公用信息 （SF_6）	非全相运行	断路器非全相动作
	SF_6压力低报警	断路器 SF_6压力低报警
	SF_6压力低闭锁	断路器 SF_6压力低闭锁分合闸
	开关 A 相合位	断路器 A 相合位
	开关 A 相分位	断路器 A 相分位
	断路器交直流空气开关跳开	断路器汇控柜交直流空气开关跳开
	断路器端子箱空气开关断开	断路器端子箱交流空气开关断开
	断路器合/分闸 1 回路闭锁	断路器 SF_6压力低闭锁合/分闸 1 回路
	断路器分闸 2 回路闭锁	断路器 SF_6压力低闭锁分闸 2 回路

设备名称	信息名称 （厂家或设备原始名称）	信息规范化名称 （针对进综自系统的信息）
断路器本体信息		
110kV 本体+ 弹簧机构断路器	端子箱空气开关跳开	断路器端子箱空气开关跳开
	SF$_6$压力低报警	断路器 SF$_6$压力低报警
	SF$_6$压力低闭锁	断路器 SF$_6$压力低闭锁
35kV SF$_6$断路器 +弹簧机构	断路器 SF$_6$压力异常	断路器 SF$_6$压力异常
	SF$_6$低压闭锁	断路器 SF$_6$压力低闭锁
	断路器就地控制	断路器就地位置（机构箱）
35kV 真空断路器 +操动机构	断路器就地控制	断路器就地位置（机构箱）
330kV 液压 操动机构	断路器操动机构信息	
	开关机构箱就地控制	断路器机构箱就地控制
	开关加热器交流电源消失	断路器机构箱加热器空气开关跳开
	电机运转	断路器打压电机运转
	打压超时	断路器电机打压超时
	电机回路空气开关断开	断路器电机空气开关跳开
	氮气泄漏	断路器氮气泄漏
	氮气总闭锁	断路器氮气压力闭锁分合闸
	油压总闭锁	断路器油压低闭锁分合闸
	断路器油压低闭锁跳闸	断路器油压低闭锁分闸
	断路器油压低闭锁合闸	断路器油压低闭锁合闸
	分合闸总闭锁	断路器分合闸总闭锁
	压力降低禁止重合	断路器油压低闭锁重合闸
330kV 液压弹簧 操动机构	开关机构箱就地控制	断路器机构箱就地控制
	加热器电源故障	断路器机构箱加热器电源空气开关跳开
	开关油压低合闸闭锁	断路器油压低闭锁合闸
	开关油压低分闸闭锁	断路器油压低闭锁分闸
	开关电机打压超时	断路器电机打压超时
	电机回路电源故障	断路器电机回路电源故障
330kV 气动 操动机构	开关机构箱就地控制	断路器机构箱就地控制
	加热器电源故障	断路器机构箱加热器电源跳闸

设备名称	信息名称 （厂家或设备原始名称）	信息规范化名称 （针对进综自系统的信息）
	断路器操动机构信息	
330kV 气动 操动机构	开关空气压力低	断路器空气压力低告警
	开关储能电机过负荷	断路器储能电机过热保护动作
	开关储能电机运转	断路器储能电机运转
110kV 本体+ 弹簧机构断路器	电机回路电源故障	断路器储能电机电源空气开关跳开
	加热器电源故障	断路器加热器电源空气开关跳开
	电机运转	断路器储能电机运转
	过电流时故障报警	断路器储能电机过电流
	断路器就地位置（本体）	断路器就地位置（本体）
	弹簧未储能	断路器弹簧未储能
35kV SF₆断路器 +弹簧机构	储能空气开关跳开	断路器储能电源空气开关跳开
	弹簧未储能	断路器弹簧未储能
35kV 真空断路器 +操动机构	储能空气开关跳开	断路器储能空气开关跳开
	弹簧未储能	断路器弹簧未储能

表 4-5   **35kV 开关柜信息表**

设备名称	信息名称 （厂家或设备原始名称）	信息规范化名称 （针对进综自系统的信息）
35kV 开关柜	开关柜空气开关跳开	断路器柜空气开关跳开
	断路器就地控制	断路器就地控制
	储能空气开关跳开	断路器储能空气开关跳开
	弹簧未储能	断路器弹簧未储能
	开关手车工作位置	断路器手车工作位置
	开关手车试验位置	断路器手车试验位置

表 4-6   **35kV 电抗器信息表**

设备名称	信息名称 （厂家或设备原始名称）	信息规范化名称 （针对进综自系统的信息）
35kV 电抗器 （油抗）	电抗器轻瓦斯报警	电抗器轻瓦斯发信
	电抗器重瓦斯	电抗器重瓦斯动作
	油位异常	油位异常
	电抗器瓦斯和压力释放	电抗器瓦斯或压力释放

表 4-7	GIS（包括 HGIS）信息表	
设备名称	信息名称 （厂家或设备原始名称）	信息规范化名称 （针对进综自系统的信息）
	GIS 汇控箱信息	
汇控箱信息	加热器电源故障	断路器加热器电源故障
	GIS 本体信息	
330kV GIS （开关气室）	××气室 SF_6 压力低报警	××气室 SF_6 压力低报警
	××开关气室 SF_6 压力低闭锁	××断路器气室 SF_6 压力低闭锁
	非全相运行	开关非全相动作
	开关 A 相合位	断路器 A 相合位
	开关 A 相分位	断路器 A 相分位
	开关 B 相合位	断路器 B 相合位
	开关 B 相分位	断路器 B 相分位
	开关 C 相合位	断路器 C 相合位
	开关 C 相分位	断路器 C 相分位
液压机构	断路器信息回路直流故障	断路器汇控柜信息回路直流故障
	开关油压低合闸闭锁	断路器油压低闭锁合闸
	开关油压低分闸闭锁	断路器油压低闭锁分闸
	压力降低禁止重合	断路器压力低闭锁重合闸
	开关电机过电流	断路器储能电机过电流
	电机回路电源故障	断路器储能电机回路电源故障
	开关机构箱就地控制	断路器机构箱就地控制
330kV GIS （隔离开关气室）	刀闸电机过电流	××隔离开关电机过电流
	刀闸电机回路电源故障	××隔离开关电机回路电源故障
	××气室 SF_6 压力低报警	××气室 SF_6 压力低报警
	刀闸/接地刀闸非全相运行	××隔离开关非全相运行
330（110） kV GIS （液压弹簧机构）	GIS 本体信息	
		××气室 SF_6 压力低报警
	GIS 机构（含汇控柜）信息	
	空气开关分闸或跳闸报警	汇控柜空气开关跳开
	报警回路空气开关分闸	汇控柜
		断路器 SF_6 压力低闭锁

设备名称	信息名称 （厂家或设备原始名称）	信息规范化名称 （针对进综自系统的信息）
	GIS 汇控箱信息	
330（110） kV GIS （液压弹簧机构）		断路器非全相动作
	加热器电源故障	断路器加热器电源故障
	开关油压低合闸报警	断路器油压低合闸报警
	开关油压低分闸报警	断路器油压低分闸报警
	开关油压低合闸闭锁	断路器油压低闭锁合闸
	开关油压低分闸 1 闭锁	断路器油压低闭锁分闸
	开关电机过电流	断路器电机过电流
		××隔离开关电机过电流
	电机回路电源故障	断路器电机回路电源故障
		××隔离开关电机回路电源故障
	开关就地位置（机构箱）	断路器就地位置（机构箱）

表 4-8　　　　　　　　　隔 离 开 关 信 息 表

设备名称	信息名称 （厂家或设备原始名称）	信息规范化名称 （针对进综自系统的信息）
隔离开关	隔离刀闸电机电源消失	隔离开关电机电源消失
	电机过热	隔离开关电机过电流
	加热器电源故障	隔离开关加热器电源空气开关跳开
	刀闸 A 相合位	隔离开关 A 相合位
	刀闸 A 相分位	隔离开关 A 相分位
	刀闸 B 相合位	隔离开关 B 相合位
	刀闸 B 相分位	隔离开关 B 相分位
	刀闸 C 相合位	隔离开关 C 相合位
	刀闸 C 相分位	隔离开关 C 相分位
	接地刀闸合位	接地刀闸合位
	接地刀闸分位	接地刀闸分位
	隔离刀闸就地控制（机构箱）	隔离开关就地控制（机构箱）
	隔离开关就地控制（测控屏）	隔离开关就地控制（测控屏）

表 4-9 电流互感器（TA）及电压互感器（TV）信息表

设备名称	信息名称 （厂家或设备原始名称）	信息规范化名称 （针对进综自系统的信息）
SF$_6$ 电流互感器	TA 密度低值报警	TA SF$_6$ 压力低报警
	TA 密度低一值报警	TA SF$_6$ 压力低一报警
	TA 密度低二值报警	TA SF$_6$ 压力低二报警
		TA SF$_6$ 压力低闭锁
330kV 线路/ 联变 TV	TV 交流电压消失	TV 交流电压消失
	电压互感器端子箱空气开关跳开	TV 端子箱二次侧空气开关跳开
	电能表交流电压消失	电能表交流电压消失
	电能表电压回路空气开关跳开	电能表电压回路空气开关跳开
330kV 母线 TV	电压互感器端子箱空气开关跳开	TV 端子箱二次侧空气开关跳开
	TV 交流电压消失	TV 交流电压消失
		TV 保护二次电压空气开关跳开
		TV 计量二次电压空气开关跳开
	330kV Ⅰ、Ⅱ母线电压互感器切换	母线 TV 并列
	330kV 母线 TV 切换箱失电	母线 TV 并列装置直流电源消失
	3320kV Ⅰ母 TV 计量 U_{AB} 失压	TV 计量 U_{AB} 失压
	330kV Ⅰ母 TV 计量 U_{BC} 失压	TV 计量 U_{BC} 失压
110kV 母线 TV	110kV Ⅰ母 TV 保护电压消失	TV 保护二次电压空气开关跳开
		TV 计量二次电压空气开关跳开
	110kV Ⅰ、Ⅱ母线电压互感器切换	母线 TV 并列
	110kV 母线 TV 切换箱失电	母线 TV 并列装置直流电源消失
	110kV Ⅰ母 TV 计量 U_{AB} 失压	TV 计量 U_{AB} 失压
	110kV Ⅰ母 TV 计量 U_{BC} 失压	TV 计量 U_{BC} 失压
35kV 母线 TV	35kV Ⅰ母 TV 保护电压消失	TV 保护二次电压空气开关跳开
		TV 计量二次电压空气开关跳开
	35kV Ⅰ、Ⅱ母线电压互感器切换	母线 TV 并列
	35kV 母线 TV 切换箱失电	母线 TV 并列装置直流电源消失
	35kV Ⅰ母 TV 计量 U_{AB} 失压	TV 计量 U_{AB} 失压
	35kV Ⅰ母 TV 计量 U_{BC} 失压	TV 计量 U_{BC} 失压

表 4-10　　　　　　　　　　　　　　　　　站用变压器信息表

设备名称	信息名称 （厂家或设备原始名称）	信息规范化名称 （针对进综自系统的信息）
站用电系统	380V 中央 I 段母线 TV 空气开关断开	380V I 段母线 TV 空气开关断开
	380V 中央 II 段母线 TV 空气开关断开	380V II 段母线 TV 空气开关断开
	380V 备用段母线 TV 空气开关断开	380V 备用段母线 TV 空气开关断开

表 4-11　　　　　　　　　　　　　　　　　直流系统信息表

设备名称	信息名称 （厂家或设备原始名称）	信息规范化名称 （针对进综自系统的信息）
泰坦直流系统	一、蓄电池与直流屏信息	
	电池巡检装置通信异常	电池巡检装置通信异常
	直流充电机无输出	直流充电机无输出
	直流单体电池端电压异常	蓄电池电压异常
	直流电池温度过高	蓄电池温度过高
	直流绝缘监察 I 母负接地	直流绝缘监察 I 母负接地
	直流绝缘监察 I 母过压	直流绝缘监察 I 母过压
	直流绝缘监察 I 母接地告警	直流绝缘监察 I 母接地告警
	直流绝缘监察 I 母欠压	直流绝缘监察 I 母欠压
	直流绝缘监察 I 母正接地	直流绝缘监察 I 母正接地
	直流绝缘监察 II 母负接地	直流绝缘监察 II 母负接地
	直流绝缘监察 II 母过压	直流绝缘监察 II 母过压
	直流绝缘监察 II 母接地告警	直流绝缘监察 II 母接地告警
	直流绝缘监察 II 母欠压	直流绝缘监察 II 母欠压
	直流绝缘监察 II 母正接地	直流绝缘监察 II 母正接地
	直流绝缘监察装置通信异常	直流绝缘监察装置通信异常
	直流屏 PLC 通信异常	直流屏监控单元通信异常
	直流屏负母线接地	直流屏负母线接地
	直流屏交流输入过欠压	直流屏交流输入过欠压
	直流屏空气开关脱扣	直流屏空气开关脱扣
	直流屏控母过欠压	直流屏控母过欠压
	直流屏模块故障	直流屏模块故障
	直流屏熔断器熔断	直流屏熔断器熔断

设备名称	信息名称 （厂家或设备原始名称）	信息规范化名称 （针对进综自系统的信息）
泰坦直流系统	直流屏正母线接地	直流屏正母线接地
	直流屏母线过欠压或母线接地	直流屏母线接地
	直流屏熔丝断或空气开关脱扣	直流屏熔丝断或空气开关脱扣
	二、事故照明信息	
	泰坦没有事故照明屏	
直流系统通用	交流输入过压	交流输入过压
	交流输入欠压	交流输入欠压
	交流输入缺相	交流输入缺相
	交流输入失电	交流输入失电
	交流输入切换动作	交流输入切换动作
	充电模块故障	充电模块故障
	充电模块告警	充电模块告警
	充电模块脱扣	充电模块脱扣
	通信模块故障	通信模块故障
	电源模块故障告警	电源模块故障告警
	调压硅链开路	调压硅链开路
	合闸母线电压过压	合闸母线电压过压
	合闸母线电压欠压	合闸母线电压欠压
	控制母线电压过压	控制母线电压过压
	控制母线电压欠压	控制母线电压欠压
	直流母线过欠压告警	直流母线过欠压告警
	直流主屏绝缘监察装置故障	直流主屏绝缘监察装置故障
	直流主屏接地报警	直流主屏接地报警
	直流主屏馈电开关跳闸	直流主屏馈电开关跳闸
	直流分屏绝缘监察装置故障	直流分屏绝缘监察装置故障
	直流分屏接地报警	直流分屏接地报警
	直流分屏馈电开关跳闸	直流分屏馈电开关跳闸
	蓄电池熔丝熔断	蓄电池熔丝熔断
	馈电屏输出支路跳闸	馈电屏输出支路跳闸

设备名称	信息名称 （厂家或设备原始名称）	信息规范化名称 （针对进综自系统的信息）
直流系统通用	蓄电池巡检仪故障	蓄电池巡检仪故障
	蓄电池组过压	蓄电池组过压
	蓄电池组欠压	蓄电池组欠压
	蓄电池组总电压异常	蓄电池组总电压异常
	蓄电池电压异常	蓄电池电压异常
	蓄电池温度过高	蓄电池温度过高
	直流屏 PLC 通信异常	直流屏监控单元通信异常
	绝缘监察通信中断	绝缘监察装置通信异常
	蓄电池巡检仪通信中断	蓄电池巡检仪通信异常
	蓄电池组与直流母线断开运行	蓄电池组与直流母线断开运行
	蓄电池室温度过高	蓄电池室温度过高

表 4-12　　　　　　　　　综自系统信息表

设备名称	信息名称 （厂家或设备原始名称）	信息规范化名称 （针对进综自系统的信息）
综自系统（站控层设备+网络设备+间隔层设备）北京四方	远动主机 1 直流电源失电	远动装置 A 直流电源消失
	远动主机 2 直流电源失电	远动装置 B 直流电源消失
	远动切换通道模块直流失电告警	远动切换通道模块直流电源消失
	网络屏保护管理机直流失电	网络屏保护管理机直流电源消失
	网络屏 HUB 直流失电	网络屏 HUB 直流电源消失
	10kV 就地交换机直流消失	10kV 就地交换机直流电源消失
	测控装置直流消失	测控装置直流电源消失
	测控装置检同期压板	测控装置检同期压板
	测控装置检无压压板	测控装置检无压压板
	测控装置不检定压板	测控装置不检定压板
	测控装置同期功能压板	测控装置同期功能压板
	测控网络状态 A 网异常	测控装置 A 网通信中断
	测控网络状态 B 网异常	测控装置 B 网通信中断

设备名称	信息名称 （厂家或设备原始名称）	信息规范化名称 （针对进综自系统的信息）
综自系统（站控层设备+网络设备+间隔层设备）南瑞继保	测控装置闭锁	××测控装置闭锁
	测控网络状态 A 异常	测控装置 A 网通信中断
	测控网络状态 B 异常	测控装置 B 网通信中断
	远动通信 A 机装置闭锁	远动装置 A 装置闭锁
	远动通信 B 机装置闭锁	远动装置 B 装置闭锁
综自系统（站控层设备+网络设备+间隔层设备）南瑞科技	测控装置 I/O 模件故障	测控装置 I/O 模件故障
	测控装置遥控出口	测控装置遥控出口
	测控装置 A 网通信中断	测控装置 A 网通信中断
	测控装置 B 网通信中断	测控装置 B 网通信中断
	各智能通信设备通信中断	各智能通信设备通信中断
综自系统（站控层设备+网络设备+间隔层设备）国电南自	一、PSX600 通信服务器	
	禁止远方遥控	PSX600 禁止远方遥控
	二、PSR651 测控单元	
	通信状态	××测控装置通信中断
	装置告警	××测控装置告警
	装置电源消失	××测控装置直流电源消失
综自系统（站控层设备+网络设备+间隔层设备）许继	一、许继—FCK801 测控装置	
	FCK801 测控装置+5V 电源出错	装置异常
	FCK801 测控装置 EEPROM 出错	装置 EEPROM 出错
	FCK801 测控装置 EPROM 出错	装置 EPROM 出错
	检修压板	测控装置不检定压板
	远方/就地	测控装置同期功能压板
	FCK801 测控装置 RAM 出错	装置 RAM 出错
	FCK801 测控装置捕捉同期压板	测控装置直流电源消失
	FCK801 测控装置采样数据出错	装置采样数据出错
	FCK801 测控装置检无压压板	远方/就地
	FCK801 测控装置就地同期合闸成功	装置就地同期合闸成功
	FCK801 测控装置开出出错	测控装置开出出错
	FCK801 测控装置通信中断	装置通信中断

设备名称	信息名称 （厂家或设备原始名称）	信息规范化名称 （针对进综自系统的信息）
综自系统（站控层设备+网络设备+间隔层设备）许继	FCK801 测控装置同期压板	测控装置同期压板
	FCK801 测控装置远方同期合闸成功	装置远方同期合闸成功
	FCK801 测控装置失电告警	装置失电告警
	二、许继—FCK802 测控装置	
	FCK802 测控装置+5V 电源出错	装置异常
	FCK802 测控装置 EEPROM 出错	测控装置通信中断
	FCK802 测控装置 EPROM 出错	测控装置直流电源消失
	检修压板	检修压板
	远方/就地	远方/就地
	FCK802 测控装置 RAM 出错	测控装置 RAM 出错
	FCK802 测控装置采样数据出错	测控装置采样数据出错
	FCK802 测控装置开出出错	测控装置开出出错
	FCK802 测控装置通信中断	装置通信中断
	FCK802 测控装置失电告警	装置失电告警
	三、许继—GPS 同步时钟装置	
	失电告警	GPS 同步时钟装置失电告警
	故障告警	GPS 同步时钟装置告警
	通信状态	GPS 同步时钟装置通信中断
	四、许继—规约转换器 NWJ-801	
	通信状态	××规约转换器通信中断
	五、许继—远动 MODEM MOD240E	
	通信状态	远动 MODEM 通信中断
	六、许继—交换机（SWITCH）	
	通信状态	交换机通信中断
	七、许继—远动主站	
	监控主站 A 通信状态	监控主站 A 通信中断
	监控主站 B 通信状态	监控主站 B 通信中断
	工程师站通信状态	工程师站通信中断

表 4-13 **逆变电源信息表**

设备名称	信息名称 （厂家或设备原始名称）	信息规范化名称 （针对进综自系统的信息）
逆变电源 （深圳德威斯）	逆变电源交流消失	逆变电源交流异常
	逆变电源故障	逆变电源电源故障
	逆变电源过载	逆变电源电源过载
	逆变电源偏压	逆变电源偏压
	逆变电源工作	逆变电源工作
	逆变电源市电	逆变电源旁路供电
逆变电源 （青岛捷特）	逆变电源直流异常	逆变电源直流异常
	逆变电源交流异常	逆变电源交流异常
	逆变电源电源故障	逆变电源电源故障
	逆变电源逆变故障	逆变电源逆变故障
	逆变电源电源过载	逆变电源电源过载

表 4-14 **消防系统信息表**

设备名称	信息名称 （厂家或设备原始名称）	信息规范化名称 （针对进综自系统的信息）
消防系统	一、变电站消防系统	
	消防火灾报警	消防火灾报警装置动作
	消防火灾故障	消防火灾报警装置故障
	火灾报警电源消失	消防火灾报警装置故障电源消失
		消防系统氮气低
	二、1211 灭火控制信息	
	消防启动 1	区域 1 消防启动
	消防启动 2	区域 2 消防启动
	消防启动 3	区域 3 消防启动
	消防报警	消防报警

表 4-15 **带电显示装置信息表**

设备名称	信息名称 （厂家或设备原始名称）	信息规范化名称 （针对进综自系统的信息）
带电显示装置	线路有电	线路有电

设备名称	信息名称 （厂家或设备原始名称）	信息规范化名称 （针对进综自系统的信息）
带电显示装置	带电显示装置故障	带电显示装置故障
	带电显示装置控制箱空气开关跳开	带电显示装置控制箱空气开关跳开

二、地级调控一体化系统信息采集原则

（1）变电站"四遥"信息接入地区调控一体自动化系统时，信息接入应满足以下基本要求：

1）接入调度自动化系统的变电站必须满足 IEC 60870-5-101 规约或 IEC 60870-5-104 远动规约通信方式要求。

2）遥测信息包含分相电流、分相电压、线电压、有功功率、无功功率、频率、功率因数、温度、挡位、合闸母线电压、控制母线电压、交流输入电压、充放电电流、电池电压等。

3）遥信量包含断路器、隔离开关、手车、接地刀闸、变压器有载分接开关位置信号，以及断路器异常告警信号、断路器保护告警信号、线路保护告警信号、母线保护告警信号、主变压器保护告警信号、就地位置信号、无功补偿设备保护告警信号、中性点非直接接地系统的接地信号、TA/TV 断线信号、保护压板位置信号、安全自动装置信号、保护/测控装置异常告警信号、所用屏/直流屏信号、消弧线圈告警信号。

4）遥控、遥调量包含断路器、隔离开关、变压器有载分接开关、远方保护信号复归。

（2）信息采集命名举例（见表 4-16～表 4-18）。

表 4-16   调管范围内变电站接入信息表

监控类型	信息分类		接入信息要求
调管变电站	遥测量	主变压器各侧	有功功率、无功功率、功率因数、三相电流、主变压器油面温度、主变压器绕组温度及挡位
		分段/母联/旁路断路器	有功功率、无功功率、功率因数、三相电流
		母线	三相相电压及线电压
		进出线间隔（含备用间隔）	有功功率、无功功率、功率因数、三相电流
		无功补偿设备	无功功率、三相电流
		所用变压器	有功功率、无功功率、三相电流、三相相电压及线电压
		直流系统	合闸母线电压、控制母线电压、交流输入电压、充放电电流、电池电压等
		变电站系统	频率

监控类型	信息分类	接入信息要求	
调管变电站	遥信量	主变压器本体及各侧	断路器/隔离开关/手车/接地隔离开关位置（110kV 及以上断路器需上送双节点位置信号，110kV 以下断路器上送合成位置信号；变电站内所有隔离开关位置、接地隔离开关位置均只上送合成位置信号），断路器控制回路断线/操动机构异常（告警）信号，保护/告警信号（硬节点保护信号，软报文关键保护信号及全站事故总信号，保护测控装置异常告警信号，TA/TV 断线信号，保护压板位置信号，接地信号，就地位置信号等）
		变压器有载分接开关	
		进出线间隔（含备用间隔）	
		无功补偿设备	
		安全自动装置	
		所用屏/直流屏	
		消弧线圈	
	遥控、遥调量	断路器	
		隔离开关	
		变压器有载分接开关	
		远方保护信号复归	

表 4-17   **并网电站接入信息表**

并网电站	遥测量	主变压器各侧	有功功率、无功功率、功率因数、三相电流
		分段/母联/旁路断路器	有功功率、无功功率、功率因数、A 相电流
		母线	三相相电压及线电压
		调管范围内进出线间隔（含备用间隔）	有功功率、无功功率、功率因数、三相电流
		发电机	频率
	遥信量	主变压器本体及各侧	断路器/隔离开关/手车/接地隔离开关位置（110kV 及以上断路器需上送双节点位置信号，110kV 以下断路器上送合成位置信号；变电站内所有隔离开关位置、接地隔离开关位置均只上送合成位置信号），断路器控制回路断线/操动机构异常（告警）信号，保护/告警信号（硬节点保护信号，软报文关键保护信号及全站事故总信号，保护测控装置异常告警信号，TA/TV 断线信号，保护压板位置信号，就地位置信号等）
		调管范围内进出线间隔（含备用间隔）	

表 4-18   **客户变电站接入信息表**

所辖客户变电站	遥测量	主变压器各侧	有功功率、无功功率、功率因数、三相电流
		分段/母联/旁路断路器	有功功率、无功功率、功率因数、A 相电流
		母线	三相相电压及线电压
		调管范围内进出线间隔（含备用间隔）	有功功率、无功功率、功率因数、三相电流

所辖客户变电站	遥信量	主变压器本体及各侧	断路器/隔离开关/手车/接地隔离开关位置（110kV 及以上断路器需上送双节点位置信号，110kV 以下断路器上送合成位置信号；变电站内所有隔离开关位置、接地隔离开关位置均只上送合成位置信号），断路器控制回路断线/操动机构异常（告警）信号，保护/告警信号（硬节点保护信号，软报文关键保护信号及全站事故总信号，保护测控装置异常告警信号，TA/TV 断线信号，保护压板位置信号，就地位置信号等）

4.2　电网设备运行监视

4.2.1　运行监视的内容

运行监视是指运行值班人员在变电所的主控制室或调控中心的监控主站，对管辖范围内所有运行设备的运行状态进行连续性的监视，并根据其运行状况按照有关规定做出相应的处理。

运行监视的内容有：电能质量，包括电压和频率应在给定范围内；安全限定值监视，包括功率、电压、电流、水位应在允许范围内；设备状态监视，包括电厂的机炉启、停、备用，变电站断路器、隔离开关的分合位置是否有异常变位，变压器运行或检修，变压器分接头位置，母线及线路停电状态；保护和自动装置运行状态及异常、动作监视。

4.2.2　运行监视的方法

运行监视的方法主要有图形、音响、文字和灯光。

一、图形监视

（1）图形系统是监视电力系统运行状态的重要方法之一，它是一个多层图形系统，是面积均匀缩放、步进缩放、画面漫游等的层次图形，图形内容有厂站一次主接线图、曲线图、棒图、系统运行工况图、地理位置接线图、电网潮流分布图。这些图形中所出现的符号，都是按照国际电工标准中规定的表示电力设备的特殊符号，也叫图元。

（2）监控系统中的图形既有前景又有细节显示，图形分为若干层，每一层定义一系列平面。一般把主要图形放在一个平面（主界面），把次要图形或文字标注放在另一层。各个平面可以单独显示，也可以叠加在一起显示，并可以同时进行缩放、漫游。

（3）根据不同的监控网络可以选择适当的层次。省、地调调控一体化系统一般将本级网络系统分为四层，一层为主网络级，二层为子网络级，三层为厂站级，四层为馈线级。每一层图形可以分别缩放及漫游。

（4）图形系统不只是单纯的图形显示和数字显示，它受系统管理，数据在随时刷新。

（5）监控人员可以通过查看图形，掌握系统运行工况，如潮流分布、设备状态、电能质量。

（6）图形报警的方式有画面闪烁、变色、自动推出报警画面或事故跳闸画面。

（7）图形报警能使监控人员更直观地发现设备及系统出现的异常情况。

二、音响监视

（1）音响提示是运行监控的最有效手段，它能随时告知监控人员系统运行工况发生的具体变化。

（2）音响提示可以设置为特殊声音提示或模拟人工语音报告。断路器、隔离开关变位，电压越线，一、二次设备异常，事故跳闸等都可以分别设置为不同的声音，如汽笛声、闹钟声等，只要区分开不同类型的异常就可以。也可以模拟人工报告"××断路器分闸"、"××断路器跳闸"、"××变电站 330kV（110kV）电压越上线"等。

（3）语音报警能够引起监控人员重视，及时查看监控系统其他文字、图形报警，准确判断设备及系统运行情况，正确处理异常及事故。

三、文字监视

（1）文字报警系统是通过不同的报警信息窗口，以文字形式列出报警时间、报警类型、报警内容等信息。

（2）文字报警系统详细记录了设备发生状态改变及发生故障的准确时间，保护及自动化装置动作元件及动作先后顺序。

四、灯光监视

（1）灯光监视包括监控机上的信号灯和光字牌。

（2）信号灯能够提示监控员，目前有哪一类报警信息上传，或者有哪一类信息没有确认复归。

（3）光字牌信息能够直观看到具体信息内容，以及所在变电站及设备间隔，从光字牌颜色可以看到该信息按重要性属于几类信息。监控员能够迅速判断信息重要性以及对设备和电网系统的影响程度。

4.3 正常运行及倒闸操作监视重点

4.3.1 正常运行监视的内容及重点

正常运行监视主要监视系统随时上送的异常信息，监视相关画面中的设备异常变位。监视重点是系统上送且未及时复归的信息。对于系统上送后，在很短时间内

（毫秒和秒级时间内）自动复归的信号，监控人员要结合系统长期运行以来该变电站、设备历史运行特点分析，判断该信息的重要性。例如：某变电站实行集中监控以来，经常发"××变电站330kV母线测控SGB750保护突变量动作"信号，数秒之后自动复归。原因是该变电站所带负荷为电气化铁路负荷，每当火车经过该变电站所带负荷地区时，都会发该信息。监控人员对于该变电站的这类信息可以不进行重点分析。而当另一个变电站某日突然发出该信号时，监控人员应及时查看该变电站在同一时间内是否还有别的附带信息一起上送，立即与现场核对信息的发出时间、设备目前状态，保护装置是否已经复归。正常运行时监视的内容和重点如下：

（1）通信状态。监视变电站内所有设备与站内信息子站之间的A、B网通信是否中断，各变电站与调度监控主站之间通信是否畅通。变电站内设备与站内信息子站之间的A、B网通信状态，在通信状态告警列表窗口中有具体显示。变电站与调度监控主站之间通信状态，在变电站通信状态监视图中反映。如果某变电站与监控主站之间通信通道异常时，说明变电站与调度监控主站之间通信中断，变电站内的任何信息都不能上传至调控中心，包括遥测量、遥信信号。此时，应立即通知相关变电站恢复监视。

（2）遥测量越线。主要监视变电站各级母线电压。

（3）异常信号。监视变电站一、二次设备异常。一次设备异常，如SF$_6$断路器、GIS设备气室、断路器液压机构、气压机构、弹簧机构等压力降低，断路器及隔离开关操作电源消失，变压器油面温度、绕组温度、气体继电器告警，变压器通风回路异常及故障、直流系统异常及故障等。二次设备异常，如保护及自动装置电源故障、装置自身发出的异常告警、电压互感器或电流互感器二次回路异常等。

（4）保护动作信息。监视变电站继电保护及自动装置元件启动、元件动作、启动或动作先后顺序、保护出口、装置复归等情况。

（5）设备状态变位信息。监视断路器和隔离开关分合变位情况，以及有载调压变压器分接头变位情况。

（6）事故跳闸。监视系统事故时跳闸的断路器。

（7）实时遥测量。监视系统内主变压器、母线、线路、分段及母联断路器、无功补偿设备的电流、电压、有功功率、无功功率、频率、功率因数、主变压器温度、直流母线电压及接地电阻值等实时遥测值数据。

4.3.2 倒闸操作和传动验收时的监视内容及重点

一、倒闸操作及传动验收时重点监控的目的

以往运行过程中，运维站人员进入变电站进行倒闸操作或者设备维护时，监控人员认为现场有运行专业人员，便对该变电站设备运行状态放松了监视。执行倒闸操作的专业人员，全部精力都集中在执行操作中，没有精力专心监盘。操作过程中

发生的一些隐蔽性较强的异常或隐患将被遗留下来。还有，一旦操作过程中发生异常或事故，监控人员能够在第一时间看到全部异常信息，继而进行综合分析判断，尽快做出处理决定。所以，当运维操作站人员进行变电站现场倒闸操作，或配合设备检修后传动验收时，调度监控人员对该变电站设备除进行正常监视项目以外，还应配合现场所进行的工作，开展重点设备及设备重点项目监视。现场进行倒闸操作或保护传动时，监控人员进行重点监控的目的如下：

（1）与现场人员相配合，正确顺利完成操作任务。

（2）及时核对监控后台机收到的相关信息内容，确保信息准确、齐全、及时。

（3）与现场操作人员配合，杜绝误操作。

（4）一旦操作中发生异常或事故，及时与调度配合，组织处理，确保人身、设备、电网安全。

（5）监控人员监视到的电网负荷、潮流等运行信息，可以给操作人员提供最佳操作方案，避免大负荷、电网异常等情况下进行倒闸操作。确保倒闸操作对电网系统造成的扰动最小、对设备和用户的影响最小。

二、主变压器操作及传动验收时监视重点

（1）现场进行主变压器停送电操作时，监控人员应在监控后台机重点监视如下内容：

1）变压器停电操作之前，并列运行的几台主变压器中性点接地是否进行了切换，与之相对应的主变压器零序过电流和零序过电压保护压板是否进行了投退切换。中性点非直接接地运行的主变压器，其中性点接地刀闸是否预先合闸。

2）变压器停电操作之前，计算全站总负荷，确保一台主变压器停电后，其他主变压器不会过负荷。如果发现一台主变压器停电后，会导致其他主变压器过负荷，调控值班员应先采取转移负荷或限负荷措施，待负荷达到要求后，再进行停电操作。

3）在主变压器停电操作过程中，如果发生该变电站直流接地异常、变电站内其他设备跳闸、电网内其他变电站主变压器跳闸等事故时，在没有查明原因之前，调控人员应命令运维站操作人员立即停止操作，防止较大的励磁涌流对系统安全造成影响。

4）主变压器停电之后，监控人员要查看其他运行主变压器是否有过负荷现象。

5）主变压器供电操作之前，监控人员应先查看待并变压器调压分接头是否已调至与运行变压器一致。所操作主变压器中性点接地刀闸在合闸状态。

6）新投运变压器，供电操作之前，调度与操作人员要核对保护定值，确认主变压器主保护在投入状态。

7）电网内大型主变压器投运前，调控人员要掌握系统内其他主变压器运行情况及系统潮流分布情况。做好防止大型主变压器空载合闸时产生的励磁涌流对系统造成扰动的预案。

8）操作开始后，监控人员应始终监视操作步骤进行过程中，监控后台机收到的文字信息、主接线图中设备变位信息是否与现场操作相对应。如果发现倒闸操作中有误发信息，或者图形信息中变位不正确时，应及时通知相关专业人员消缺。

9）操作中一旦发生由于该操作引起的误操作或引发的系统事故，监控人员应立即做出反应，命令现场停止操作，配合调度进行事故处理。

例如：某省电网内一 750kV 变压器新投运，第一次充电后，除了该主变压器跳闸外，该电网内距该主变压器 800km 之外的换流站内 750kV 变压器同时跳闸。

网调停止新投主变压器操作后，省调立即进行省内全网事故处理，转移负荷，调整出力，投切网内电容器和电抗器，控制电压质量。调取全网内受冲击变电站故障录波器录波报告，综合分析得出结论为：新投运主变压器空载合闸时产生的励磁涌流，与该系统内一 330kV 用户变电站运行中产生的谐波进行了叠加放大。750kV 换流站内直流系统没有滤高次谐波能力，保护定值没有躲过该谐波，从而导致 750kV 换流站内主变压器跳闸。

（2）主变压器传动验收时监控人员应重点监视如下内容：

1）由于主变压器保护配置复杂，新投运或大修后，调试过程中信息量较大。为了不影响正常监控工作，在调试人员自验过程中，监控人员应要求调试人员投入相应保护装置检修压板（闭锁信息发送至监控主站，但不影响现场查看调试信息），在正式验收时，应退出检修压板，或者在现场调试自验过程中，监控人员投入监控机相应间隔设备挂牌功能，正式验收时取消挂牌。

2）监控人员配合验收信息时，用一台监控机专门过滤出本站信息，配合验收，不仅要查看所传动的信息已经收到，还要关注是否收到其他误发信息。误发信息在某些情况下，也是一种警告，可能有二次寄生回路、保护接点粘连、保护信息管理机或测控装置信息点接错等异常。这些异常如果不能及时发现，将给以后运行埋下隐患。

3）验收时，监控后台机收到的各项遥测量数值与现场调试设备所加数值相差应不超过±30%。主变压器遥测油面温度、绕组温度应与设备温度计显示值基本一致，以便于运行监视。温度告警信号发出时的温度值应与保护定值要求一致。收到变压器辅助和备用冷却器启动信息时，要查看监控后台机收到的温度或者负荷电流值是否达到了保护定值要求。

4）主变压器带开关实际传动验收时，先要检查主变压器一次设备上工作人员已经撤离，三侧隔离开关均在断开位置，还要做好主变压器保护回路、主变压器三侧断路器保护回路二次安全隔离措施，防止影响其他运行设备。监控人员要做好措施，防止远方遥控操作时发生误操作。新投设备传动验收时，监控人员要核对监控系统已经完善了新设备间隔的相关图元、信息库和防误操作系统。

5）主变压器通风回路验收时，监控人员重点监视冷却器全停，通风电源故障，通风回路Ⅰ、Ⅱ段电源切换信号是否准确上传。

三、母线操作及传动验收时监视重点

（1）现场进行 A 母线停电操作时，监控人员要查看 A 母线上所有负荷是否已经全部转出。A 母线电压互感器二次所带保护及自动装置是否已经切换或退出。

（2）母线转检修操作中，监控人员在监控后台机应监视母线接地位置及数量。在监控主接线图上挂牌，标注接地线位置，防止母线供电操作或紧急事故处理时漏拆接地线。

（3）母线转检修后，应及时退出母差保护。

（4）母线保护二次回路有工作时，应做好二次安全措施，防止试验电流、电压串入其他运行设备二次回路，造成保护误动。

（5）母线检修中，监控人员应监视停电母线二次回路不应有电流、电压开入量。一旦发现有异常开入量，应及时通知现场检修人员，停止工作，检查二次回路安全措施是否可靠。例如：某 750kV 变电站发生中压侧母线全停事故时，该变电站 220kV 母线为双母线接线方式。220kV Ⅰ段母线配合 A 出线二次接入母差回路在停电状态。220kV Ⅱ段母线带全站负荷运行。A 线路二次回路工作时安全隔离措施不到位，工作人员使用的工具将 A 线路二次回路 N 端子与 220kV 母差保护用二次回路端子短接，造成两点接地，母差保护回路出现差电流。此时，220kV Ⅰ母停电，Ⅰ母上所有隔离开关在断开位置，Ⅰ母小差自动退出。Ⅱ母无故障，Ⅱ母小差自动退出，Ⅱ母大差动作，跳开所有出线，导致本站 220kV 全停，电网解列运行。在该事故中，如果监控人员发现母差保护回路差电流开入信号，立即通知现场工作人员停止工作，检查二次回路安全措施，也许就能避免该事故发生。

（6）母线供电操作时，监控人员应重点监视母线接地拆除情况，母差保护是否投入，母线充电保护或充电断路器的充电保护是否可靠投入。没有母差保护的母线供电操作前，要查看主变压器后备保护是否投入。监控人员远程可以看到压板状态及保护装置电源状态的，应重点监视母差保护装置的交、直流电源确已上电，接入该母差保护的支路压板确已全部投入。

（7）母线保护传动验收时，监控信息验收应重点查看母差保护出口信息、各支路断路器跳闸信息、各支路断路器失灵保护启动信息等。

四、断路器操作及传动验收时监视重点

（一）断路器退出运行时监视重点

（1）电源线路断路器停电操作时，应监视是否满足本变电站电源 $N-1$ 方案。

（2）联络线路断路器停电操作时，应监视断路器断开后是否会引起本变电站电

源线路过负荷。

（3）拉开并列运行的线路断路器前，应监视有关保护定值已经调整，同时监视在拉开一条线路后，另一条线路是否会过负荷。

（4）3/2 接线系统中的断路器，在拉开中间断路器时，应监视两个边断路器带负荷正常。在拉开边断路器时，应监视中间断路器带负荷正常。

（5）操作断路器前，监控人员重点监视本间隔无异常信号及光字牌。本站无直流接地、过负荷、系统短路电流经过等异常。

（6）断路器断开后，监控人员要查看本断路器电流、电压、有功功率、无功功率等遥测值为零。

（7）断路器转检修时，应拉开断路器交直流操作电源，弹簧机构应释放弹簧储能，该断路器保护已经退出。监控中心收到的信息应为"××断路器控制回路断线"、"××断路器操作电源消失"、"××断路器操动机构空气开关跳闸"、"××断路器弹簧未储能"等信息。由于各综自系统厂家信息命名规则不一样，保护二次回路接线不一致，上送至调控中心的信息点及一个信息点合并的回路不一样，每台断路器具体信息内容可能不一致，但总原则一致，即断开断路器二次回路交直流操作电源、断开断路器机构操作电源、断开本断路器保护装置电源。与之相关的信息都应该上送至调控中心。

（8）断路器改为检修状态后，应退出断路器保护。3/2 接线系统中的断路器停电时，还应投入位置停信压板或将断路器检修位置转换把手置于"××开关检修"状态。

（9）线路断路器停电操作前，应先退出自动重合闸出口压板及重合闸电源开关。3/2 接线系统中的线路断路器停电时，应对两个断路器的先重和后重方式进行切换。如果调控系统中已经接入以上信息，在现场操作设备时监控人员应重点监视。对于自动识别功能较强的保护，线路断路器操作时，则不需要操作自动重合闸。此项要根据二次设备功能及各单位倒闸操作规定分别掌握。

（10）母联或分段断路器停电操作时，监控人员应重点监视母联或分段断路器断开后，分列各段母线、每台主变压器都不会过负荷，母差保护方式切换信号已经收到，母联或分段断路器的保护装置已经投入。

（11）当断路器保护回路有工作时，监控人员监视退出该断路器保护柜上失灵保护的启动、跳闸回路压板，包括失灵跳本断路器和相邻断路器的压板、失灵启动母差的压板、失灵启动远跳的压板、失灵启动保护停信的压板、线路保护柜的失灵启动压板等，断开断路器保护柜的装置交直流电源。

（二）断路器投入操作时监视重点

（1）断路器检修后投入运行操作时，监控人员应与现场人员全面核对停电断路器间隔每个设备位置状态，检查间隔安全措施已拆除，监控人员检查"控制回路断线"、"操动机构压力降低"、"弹簧机构未储能"、"SF₆ 压力降低"等异常信号已经全部恢复正常。

（2）长期处于冷备用状态的断路器，在正式投入运行前监控人员进行远方试操作时，每操作一次都应及时与现场核对断路器位置状态，无异常后，再正式投入运行。

（3）在操作断路器合闸前，必须检查送电设备的继电保护装置已按规定投入。

（4）直馈线断路器合上后，监控人员若发现电流数值超出额定值数倍，说明断路器合于故障线路，继电保护应动作跳闸，如保护未能跳闸，应立即远方操作拉开断路器。

（5）联络线路、电源线路断路器合闸后，监控人员应监视其电流值不超过间隔所有设备中额定参数最小设备的额定电流值。

（6）停电操作时进行了继电保护和自动重合闸方式切换或压板投退的，断路器投运操作后应进行对应的操作。

（7）当断路器检修且母差电流互感器二次回路有工作，在断路器投入运行前，应征得调度同意先退出母差保护。合上断路器，测量母差不平衡电流合格后，才能投入母差保护。监控人员应监视在此期间母差保护的投退情况。

（8）断路器操作后进行位置检查时，监控人员应通过监视断路器位置信号、电流表指示都发生对应变化，才能确认断路器已操作到位。

（9）母联或分段断路器投入操作时，监控人员应监视有关系统运行方式、母联或分段断路器的同期操作条件是否满足、母联或分段断路器保护是否投入。

（三）断路器传动验收时监视重点

（1）断路器分合位置与现场一致。

（2）调控后台机收到的断路器 SOE 变位信息时间与现场一致，应准确到毫秒级。

（3）调控后台机收到的断路器机构压力异常、GIS 断路器气室 SF₆ 压力等报警信号值应与整定值、设备实际指示值相同。例如：液压机构油压达到 34.5MPa 时发"××断路器机构油压异常"信号，气动机构空气压力达到 0.45MPa 时发"××断路器机构空气压力降低"信号，断路器 SF₆ 气室压力达到 0.5MPa 时发"××断路器气室压力低报警"信号。

（4）断路器分合闸操作时，监控后台机是否收到"三相不一致"信号。

（5）断路器保护传动验收时，监控人员应重点监视收到信息与所传动的项目是否对应，信息是否正确、齐全，有无其他误发信息。断路器失灵保护的开入、开出量是否正确，检查有无跳其他无关断路器的开出量。充电保护动作时限及动作电流与定值相符。

（6）现场对断路器保护自验时，应投入检修压板。

五、隔离开关操作及传动验收时监视重点

（1）隔离开关操作的基本原则：断路器两侧的隔离开关操作前，必须检查断路器在断开位置。

（2）隔离开关操作后，监控人员重点监视变位信息、主接线图中变位情况，及时与现场核对确认实际位置。

（3）操作接地刀闸时，监控人员应核对与之配合的隔离开关实际位置，监控后台显示该回路电流、电压值应为零。

（4）隔离开关操作时其电源监视回路应无异常信息。

（5）GIS隔离开关操作后，监控后台变位信息是唯一有效确认方法。隔离开关变位信息上送至调控中心的前提条件是三相同时变位，否则，不上送变位信息。所以GIS隔离开关操作时监控人员应严密配合。

六、继电保护和自动装置操作及传动验收时监视重点

（1）一次设备运行，仅二次设备投退时，监控人员应重点监视如下内容：

1）一套保护装置中部分功能退出时，监控人员应监视操作时监控机收到的对应信息与操作内容相一致，一旦发生保护装置功能或出口压板投退有误，应立即通知现场操作人员进行检查和改正。

保护装置的部分功能投入时，监控人员也应进行类似的重点监视。

2）对于具有双配置的主变压器、母线、高压并联电抗器、重要线路等设备的保护装置，退出其中一套保护时，监控人员应监视另一套保护运行正常，保护双通道正常，装置无异常信号。

3）当断路器保护回路有工作时，监控人员应退出该断路器保护柜上失灵保护的启动、跳闸回路压板，包括失灵跳本断路器和相邻断路器的压板、失灵启动母差的压板、失灵启动远跳的压板、失灵启动保护停信的压板、线路保护柜的失灵启动压板等，断开断路器保护柜的装置交直流电源。与母差保护共用出口回路的失灵保护装置，当母差保护停用时，失灵保护也应停用。

4）在继电保护及自动重合闸装置传动验收时，监控人员应重点监视压板信息、回路信息、出口跳闸信息、自动重合闸动作信息。监控后台机收到信息应与所验收项目相一致，回路动作正确。特别是保护启动和出口回路，应该单跳的不能发三跳命令，应该三跳的不能只启动单跳回路。

5）自动重合闸回路传动验收中，监控重点是重合闸方式切换把手位置与线路故障后重合闸动作相一致。例如：重合闸选择"单重"方式时，线路发生单相故障，断路器单相跳闸后单相重合，线路发生两相或三相故障时，重合闸不动作。重合闸选择"三重"方式时，线路发生任何故障，断路器都三相跳闸，三相重合。重合闸选择"综重"方式时，线路发生单相故障，断路器单相跳闸后单相重合，线路发生两相或三相故障时，断路器三相跳闸，三相重合。

6）电网安全稳定自动控制装置传动验收时，主站和所有子站的策略压板投退、信息交换、通信状态是调控中心监控的重点。

（2）在 110kV 线路保护传动验收过程中，监控人员要重点监视重合闸后加速保护的动作信号，与保护定值相比对。例如：某变电站发生 110kV 线路单相接地故障，线路光纤差动主保护、接地距离Ⅱ段保护动作，断路器跳闸，线路自动重合闸未动作。汇报至本公司生技部保护专责人员王某，王某判断为接地距离Ⅱ段保护动作时闭锁线路重合闸，命令变电站人员汇报省调调度员，立即对线路强送电。当值调度员查看本线路保护定值单，定值整定显示接地距离Ⅱ段不闭锁自动重合闸，接地距离Ⅲ段闭锁自动重合闸。调度要求设备运维单位检查保护定值整定情况。经检查，发现本线路自动重合闸投入运行时，运行人员只投入了保护装置的自动重合闸出口压板，未退出本装置闭锁自动重合闸压板，因而造成了线路跳闸后自动重合闸未动作事件。

七、补偿设备操作及传动验收时监视重点

目前，国家电网公司内高压并联电抗器基本上都是采用隔离开关接入系统，不存在单独操作的情况。因此高压并联电抗器随线路设备一起操作时，监控事项随其他设备一起进行，与变压器监视项目基本一致。

手动操作电容器投退时，应监控系统电压变化。在由 AVC 装置自动控制投退的电网中，电容器自动投退操作后，监控人员应监视系统电压变化、控制电容器的断路器位置变化，以及电容器的负荷情况。

4.4　异常及事故时监控重点

4.4.1　系统频率异常时监控重点
一、频率偏高时的监控
当系统频率高出正常值时，监控人员要仔细查看系统有无其他异常及事故发生。应根据监视到的各个发电厂有功出力情况、大负荷集中区域等异常信息，给调度处理异常提供依据。
二、频率偏低时的监控
当系统频率低于正常值时，监控人员要检查系统内的低频减载装置动作情况及频率变化情况，根据调度命令在监控机上进行远方限负荷操作。
三、频率异常处理时的监控
在调度处理频率异常过程中，监控人员要始终密切监视系统频率变化及各发电

厂有功出力变化。

在装有低频减载和高频切机的电网中，发生频率异常时，装置会自动进行减负荷或减有功出力，监控人员不需要进行操作，但要监视和记录装置所减负荷和所切机组，在系统频率恢复正常后再恢复负荷和发电机组。

4.4.2 系统电压异常时监控重点

正常运行中，监控人员要监视系统电压始终在调度下发的电压曲线范围内运行。

当某个变电站电压低于下限时，监控人员要增加有载调压变压器的分接头。监视电压恢复情况，决定变压器分接头调整的挡位。

当系统电压严重偏低时，配合调度投入补偿电容器，退出并联补偿电抗器。根据电压缺额决定投退补偿设备的数量。监视每次补偿设备操作后系统电压变化情况、补偿设备实际状态及所带无功负荷，监视补偿设备无过负荷现象。在补偿设备投退仍不能满足需要时，监控人员根据调令进行限负荷操作。监控人员应始终监控系统电压变化和大用户、重要用户负荷情况，保证用户的保安负荷。

当系统电压升高时，监控人员应根据电网运行及检修情况，分析系统是否有操作等过电压现象。如属于正常电压升高，监控人员应降低有载调压变压器分接头，根据调令投入并联电抗器。

有 AVC 系统的电网，监控人员应监视电压变化和 AVC 系统所操作设备的实际状态，监视无功补偿设备有无过负荷。

4.4.3 系统过负荷时监控重点

输电线路或主变压器过负荷时，监控人员要监视并随时计算过负荷倍数，严格控制设备过负荷运行时间（具体时间依照现场运行规程的规定或生产厂家说明书的要求执行）。根据调令进行转移负荷或限负荷操作。

主变压器过负荷时还要严密监视主变压器的温度上升速度，辅助或备用冷却器是否按温度或负荷启动。

线路过负荷时，按照线路所有元件中额定电流最小的控制线路负荷。

4.4.4 中性点非直接接地系统发生单相接地时监控重点

中性点非直接接地系统发生单相接地时，监控人员要严密监视相关变电站母线系统三相电压及线电压变化情况，控制带接地点运行时间不超过 2h。监控人员依据调令进行拉路寻找接地点操作。

4.4.5 一次设备发热时监控重点

当发现一次设备或一次设备接头发热时，监控人员应监视相关设备所带负荷、环境温度变化情况，根据调令转移负荷或者将严重发热的设备停电。

4.4.6 带压力运行的设备其压力降低时监控重点

当运行中 SF_6 设备发出压力降低告警信号时，监控人员应监视压力异常设备的负荷、SF$_6$气体压力是否继续降低发出闭锁信号。

GIS 设备气室压力降低时，监控人员应严格监视气室压力下降速度，是否收到自动复归信号，判断设备是否有严重漏气现象，决定设备能否继续运行。

液压机构或气动机构压力降低时，监控人员应继续监视压力下降情况，收到压力降低闭锁报警信号后，监控人员则不能对该断路器进行遥控操作。

4.4.7　继电保护及安全自动装置异常时监控重点

双通道的线路纵差保护、远跳保护、高频保护及电网安全稳定控制装置的通信通道其中一条异常时，监控人员应监视保护及自动装置另一条通道的运行状态。如果两条通道均故障时，应监视线路其他相关后备保护及自动装置的运行状态。

双配置的继电保护及自动装置其中一套发生自身故障或电源消失时，应监视另一套保护正常运行。

单配置的保护及自动装置异常时，监控人员要根据收到的信息判断装置能否继续运行。如果装置可以继续运行，则要监视异常现象是否消失或朝严重方向发展。如果判断为保护装置不能继续运行，应立即将相关一次设备转为备用状态，再退出保护装置消缺。

双配置、双主方式运行的电网安全稳定控制装置一套异常时，应退出装置，防止装置误动作。

4.4.8　电网事故时监控重点

发生电网事故或设备事故时，直接后果是有断路器跳闸，设备或线路失电。当发生事故时，监控人员应重点监视非故障设备及电网的运行情况，以及系统频率、电压的变化情况。

一、线路故障监控重点

（1）线路发生故障时，如果自动重合闸装置动作，重合成功，则对电网影响最小。监控人员应监视故障线路重合闸成功后线路负荷的变化情况。监控人员如果发现线路重合闸后，所带负荷没有恢复到跳闸前的状态，应根据负荷性质、重要性、事故前运行方式综合判断，给出需要调度及运维操作站人员配合进行的工作。

（2）线路发生故障未进行重合闸或者重合闸不成功时，监控人员应根据收到的信息进行综合判断，分析继电保护及自动装置动作是否正确，根据故障现象判断能否进行线路强送电。

（3）双回线路中一条发生事故时，应监视另一条线路是否有过负荷现象，监视一条线路发生事故跳闸时对横差保护的影响。

（4）联络线路发生事故时，应监视断面潮流变化，系统是否分片运行。各系统电压及频率是否合格。

（5）电源线路故障后，监控人员应监视相关变电站是否失压，其他电源线路是否有过负荷现象。

二、主变压器故障跳闸监控重点

（1）主变压器故障跳闸后，监控人员要立即查看与之并列运行的变压器是否过负荷，监视过负荷倍数及负荷上升情况，主变压器油面温度及绕组温度上升情况，运行主变压器通风冷却系统运行情况，辅助及备用冷却器投入情况。根据实际情况转移负荷或限负荷，确保无故障主变压器安全可靠运行。再综合分析故障变压器保护及自动装置动作情况，决定处理方案。

（2）系统中重要联络变压器事故跳闸后（如电磁环网联络变压器），监控人员应立即查看电网结构及系统潮流的变化，查看相关稳定控制装置动作情况，以及局部电网解列后电压、频率、负荷情况。

（3）中性点接地变压器故障跳闸后，应检查与之并列的其他变压器中性点接地情况，查看零序保护配置及投退情况。

（4）重要负荷变压器故障跳闸后，应检查该用户其他电源供电变压器运行情况、负荷情况，监视有无过负荷现象。

三、母线故障监控重点

母线故障时，母线上所有元件都会失电，监控人员要监视母线分段断路器和母联断路器的动作情况，无故障母线电压、负荷变化情况，故障母线电压互感器所带继电保护及自动装置切换情况。密切监视失压母线所带下一级变电站失压甩负荷量，以及电网断面稳定极限变化情况外。根据所有信息分析判断，在母线不能强送电时，监控人员除了密切监视重要断面、重要设备情况外，还应配合调度立即进行远方操作，改变运行方式，恢复对重要线路的供电。

4.5　监控异常及事故判断

4.5.1　典型异常信息判断
一、网络不通判断

（1）变电站后台信息正确，监控主站信息不上送，说明主站与子站或者主站与主站监控后台机之间通信中断，应通知省信通公司通信维护班消缺（三集五大新模式）。

（2）当主站收不到某个变电站任何信息，通信状态又显示该变电站通信正常时，应通知相关运维站人员检查该变电站内后台信息是否刷新。如果站内后台信息不刷新，说明站内信息网络异常，应通知相关运维单位通信及自动化班消缺。

（3）监控主站系统、变电站站端系统及通道异常，造成受控站设备无法监控或监控受限时，监控员应及时与运维站现场人员进行确认，并通知自动化人员处理。

受控站全部或部分设备失去监控时还应向相关调度汇报。

（4）监控系统消缺期间，变电站恢复有人值守模式，设备监控职责移交现场运维站人员，由运维站人员负责与各级调度机构进行调度业务联系。

（5）经现场运维人员确认为变电站终端系统异常，造成受控站部分或全部设备无法监控时，监控员应及时通知通信人员和省调自动化人员检查变电站终端设备，同时通知相关检修人员检查厂站端设备。

（6）处理监控系统异常、故障时，应及时联系省调自动化运维人员闭锁相应变电站的遥控操作功能，通知现场运维站人员做好必要的安全措施。

（7）监控系统缺陷消除后，监控员与现场运维站人员全面核对设备运行方式及站内信号正常。确认监控系统正常后，监控员与运维站人员履行交接手续，设备监控职责移交监控员。

（8）无人值班变电站发出远动退出信号时，应立即通知运维站人员恢复变电站有人值守，并汇报调度。

（9）监控员发现变电站画面各遥测量不刷新，大部分遥信信号错误时，应检查厂站状态监视画面是否为通信中断，若画面显示通信中断，应立即汇报调度并通知运维站人员赶往现场检查。

（10）监控机发出某保护装置通信中断信号时，可能为装置异常或装置失电引起，应立即通知运维站人员赶往现场检查。

（11）异常处理完毕后，监控员应与现场人员进行监控信息核对，确认无误后方可收回监控职责。

二、监控系统异常及缺陷处理

（1）监控机死机。监控员通知自动化人员分析原因，重启监控系统。

（2）数据不更新。

1）单个单元数据不更新。一般由测控单元失电、测控单元故障、TA/TV回路异常、通信中断等原因引起，处理方法如下：

a．通知运维站人员检查测控单元电源是否故障。

b．判断为测控单元故障时，应联系检修人员处理。

c．判断为通信中断时，通知通信人员处理。

2）单座变电站所有数据不更新。一般由前置机、远动装置及通道异常等原因引起，处理方法如下：

a．与省调自动化专业值班人员联系，了解故障站前置机数据是否更新。如果站端数据更新，通知省调远动人员处理；如果站端数据不更新，则应通知通信人员和省调远动人员检查主站端设备，同时通知运维站联系检修人员检查厂站端设备。

b．现场检查站端后台机数据是否更新。如果更新，说明至调度端通道有问题；

如果不更新，则可能当地远动装置故障，由厂站端远动人员处理。

c．监控系统发生异常，造成受控站部分或全部设备无法监控时，监控员应通知自动化人员处理，并将设备监控职责移交给现场运维人员。在此期间，现场运维人员应加强与监控员联系。在接到该缺陷消除的通知，监控员与现场运维人员核对站内信息正常后，将设备监控职责收回，并做好相关记录。

3）个别遥信频繁变位。设备倒闸操作后出现遥信频繁变位时，可能属于接点接触不良引起，应及时通知现场运维人员。个别遥信频繁变位，暂时无法处理，又不影响设备正常运行时，为了不影响监控员对其他设备的正常监控，可设置闭锁该信号。设备正常运行中出现遥信频繁变位时，应及时通知现场运维人员检查站端设备及信号二次回路是否正常。

4）告警窗数据长时间不刷新。告警窗无任何告警信息时，检查本机的消息总线是否良好；如果在告警窗看不到某条告警信息，但在信息总表中可以看到时，通过下列步骤检查：

a．查看此条告警的告警定义行为中有无上告警窗动作。

b．查看告警窗上的告警类型选择对话框中是否包含此条告警的告警类型。

c．查看此告警类型在节点告警定义中是否禁止上告警窗。

d．查看本机责任区是否包含该设备。

三、监控系统监视到电网及设备异常的处理

（1）监控系统发出电网设备异常信号时，监控员应准确记录异常信号的内容与时间，并对发出的信号迅速进行研判，研判时应结合监控画面上断路器变位情况、电流、电压、功率等遥测值、光字牌信号进行综合分析，判断有无故障发生，必要时通知现场配合检查，不能仅依靠语音告警或事故推画面来判断故障。

（2）若排除监控系统误发信号，确认设备存在异常的，应立即汇报调度，做好配合调度进行遥控操作的准备，并根据异常情况进行事故预想，严防设备异常造成事故。

（3）监控人员应将监控到的信息和分析判断的结果告知运维站人员以协助其检查，并提醒其有关安全注意事项。

（4）监控员应要求现场人员对电气设备缺陷进行定性，详细汇报缺陷具体情况。

（5）对于危急缺陷和可能影响电网安全运行的严重缺陷，要求现场立即汇报设备管辖调度。对于主变压器风冷系统全停、35kV母线单相接地、直流接地等重大异常，监控人员应记录异常持续时间并监视其发展情况，与现场运维人员密切配合，按有关规程的规定采取措施，并做好事故预想。

（6）异常、缺陷处理过程中，监控员应加强其他相关设备和变电站运行工况监视，及时与运维站人员沟通，严防异常扩大从而导致事故。

（7）现场运维人员在现场巡视、检查、操作时发现的设备缺陷，应及时汇报相

关调度并告知监控员。监控员应对相关设备加强监视，全面了解设备缺陷可能给设备运行造成的影响，并做好事故预想及相关遥控操作的准备工作。对于近期不能处理的缺陷，监控员要做好记录，按值重点移交，重点监控。

（8）监控员应将各类异常信息、现场反馈的检查情况、处理过程及异常的汇报情况认真记入相关记录。

（9）现场出现对监控系统有影响的一般缺陷，现场运维人员也应告知监控员。

（10）缺陷消除后，现场运维人员应及时告知监控员消缺情况，并进行核对、确认。

（11）对于危急缺陷，现场运维人员应立即将现场检查结果和需采取的隔离方式汇报给相关调度，并告知监控员。

（12）现场异常隔离、操作完成后，运维站人员应及时汇报监控员。监控员应与在现场的运维站人员核对相关信号，确认已复归信号，并将异常处理的结果汇报给调度。

四、监控操作异常判断及处理

（1）遥控命令发出，断路器拒动时的处理方法。

1）检查操作是否符合规定。

2）检查断路器 SF_6 气体压力降低导致分合闸回路是否闭锁。

3）检查测控装置"就地/远方"切换把手的位置。

4）检查控制回路是否断线。

5）检查通信是否中断。

6）如果仍无法进行操作，应通知运维站人员处理。

（2）遥控操作出现超时的处理方法。

1）如遥控预置超时，可再试一次。

2）检查测控装置"就地/远方"切换把手的位置。

3）检查通信是否中断。

4）检查控制回路是否断线。

5）如果仍无法进行操作，应通知现场运维人员处理。

（3）操作异常时的注意事项。

1）非人员误操作导致的误拉、合断路器时，如怀疑是监控系统的原因造成的，应立即汇报值班调度员，同时汇报主管领导，分析原因，提出整改措施并实施。

2）监控系统发生拒绝遥控、拒绝遥调操作，不能立即处理的，应汇报调度，并通知运维站人员进行现场操作，通知省调自动化人员检查处理。

3）监控系统有以下情况时不得进行遥控操作：

a．监控系统画面上断路器位置及遥测、遥信信息与实际不符。

b．正在进行现场操作或检修的设备。

c．监控系统有异常时。

五、运行参数越限异常判断及处理

（一）设备过负荷

（1）设备过负荷时应立即记录过负荷时间，并计算过负荷倍数。

（2）线路过负荷时应立即汇报调度，根据调令处理。

（3）主变压器过负荷按以下流程处理：

1）记录过负荷主变压器的时间、温度（上层油温和绕组温度）、各侧电流、有功和无功功率情况。

2）通知运维站人员手动投入全部冷却器，要求现场对过负荷主变压器进行特巡，了解现场的环境温度，掌握主变压器温升变化情况。

3）将过负荷情况向调度汇报，配合调度采取减负荷措施。根据变压器的过负荷规定及限值，对正常过负荷和事故过负荷的幅度和时间进行监视和控制。

4）指派专人严密监视过负荷变压器的负荷及温度变化，若过负荷运行时间或温度已超过允许值时，应立即汇报调度将变压器停运。

（4）设备过负荷期间，监控员应配合调度员进行处理，并做好相关倒闸操作的准备工作。

凡调度指令限制或者切断的负荷，以及安全自动装置动作切断的负荷，未经值班调度员允许，监控员不得自行恢复供电。

（二）温度越限

（1）温度越限包括主变压器上层油温及绕组温度越限、高压电抗器上层油温及绕组温度越限、低压电抗器上层油温越限、站用变压器上层油温及绕组温度越限。

（2）温度越限告警发出后，监控员应记录越限时间及温度值，查看设备负荷情况，并通知运维站人员到现场检查，判断是否因表计问题误告警，若由于过负荷引起，则按设备过负荷规定处理。

（3）如确属主变压器或电抗器油温越限，应根据越限原因按照以下方法进行处理：

1）通知现场开启主变压器全部冷却器并加强测温。

2）汇报调度调整主变压器负荷。

3）温度越限后应监视温度变化趋势，若主变压器或电抗器负荷及环境温度均正常，且短时间内温度上升较快，应怀疑是否设备内部有异常，通知现场详细检查设备，并汇报调度做好停止该设备运行的准备。

主变压器和高压电抗器温度升高且没有其他降温措施时，应采取带电水冲洗降温。

六、输变电设备状态在线监测系统异常判断及处理

输变电设备状态在线监测系统信息按照紧急程度和所反映的故障缺陷特点，可以分为一级告警信息、二级告警信息、三级告警信息、正常信息四类，各级别告警对应不同的业务流程。

（1）一级告警信息。输变电设备关键特征量的监测数据超过范围值，显示设备有突发故障的可能。

监控员应立即通知运维单位进行现场检查确认、设备状态分析，同时通知值班调度员。监控员将现场反馈的设备分析结果汇报调度员，并做好风险分析和相关事故预案。

（2）二级告警信息。输变电设备关键特征量的监测数据发生突变、重要特征量超过范围值，显示设备有缓慢故障可能。

监控员及时通知运维单位进行检查确认和分析，运维单位将结果反馈至监控员。监控员做好相关记录。

（3）三级告警信息。输变电设备关键特征量、重要特征量的监测数据出现劣化趋势，但未超过范围值，显示设备需跟踪关注。

监控员及时做好相关记录，定期汇总并向运维单位反馈，运维单位跟踪检查设备状态。

（4）正常信息。输变电设备关键特征量、重要特征量的监测数据均未发生劣化或超过范围值，显示设备处于正常状态。

输变电设备状态在线监测系统发出一级告警信息、二级告警信息、三级告警信息时均应通知调控中心设备监控管理处专责，进行异常数据初步分析。

七、断路器压力降低告警处理

（1）监控员发现断路器压力降低告警时，应详细记录异常发生变电站名称、时间，立即通知运维人员进行检查，并将详细情况汇报值班调度员。

（2）监控员应做好由于断路器压力降低而造成越级跳闸的事故预想。

（3）异常处理完毕后，现场运维人员应将处理结果告知值班监控员。

（4）监控员应将现场专业人员处理结果汇报值班调度员。

八、交流、直流系统异常处理

（1）监控员应通过监控机检查各站交流、直流系统电压正常，发现交流、直流系统电压异常时，应立即通知运维站人员现场检查并汇报调度。

（2）监控员应及时了解现场检查情况和处理情况。

（3）监控员应做好相关记录和汇报工作。

九、GIS 设备异常处理

（1）运行中的 GIS 设备气室 SF_6 额定压力参数见表 4-19。

表 4-19　　　　　　　　　运行中的 GIS 设备气室 SF$_6$ 额定压力参数

气室名称	SF$_6$ 气体额定压力（MPa）	SF$_6$ 气体报警压力（MPa）	SF$_6$ 气体最低功能压力（MPa）
开关气室	0.6 ±0.02	0.55±0.02	0.5±0.02
其他气室	0.5±0.02	0.45±0.02	0.4±0.02

（2）监控员在运行监视中发现 GIS 设备气室压力降低报警信号时，应密切监视压力变化的幅度和具体时间点，通知运维站人员检查设备气室实际压力值。如果属于温度补偿装置的精度问题，应进行校验或更换。如果属于气室漏气，应及时进行补气，或对罐体检漏消缺。当设备气室 SF$_6$ 气体压力达到最低限值时，严禁操作该设备。

（3）GIS 运行中压力释放装置动作后，监控人员应汇报调度，同时通知运维人员立即检查设备，在检查设备接近 SF$_6$ 扩散地或者故障设备时，应做好防止人员 SF$_6$ 气体中毒的安全防护措施。

十、其他异常判断及处理

（1）直流系统异常。当发现直流系统异常信号时，应首先检查直流电压是否正常、是否有下降趋势，有无站用电系统信号，发现异常情况应立即通知运维人员检查处理。

（2）站用电系统异常。当发现站用电系统异常信号时，应检查带站用变压器的线路有无失电，或有无进线、主变压器失电，有无直流系统信号，如"充电机欠压"等。发现异常情况应通知运维人员检查处理，如果带有直流系统异常信号时必须尽快到现场检查。当发生某站站用变压器切换动作时，应查看交流系统遥测值是否显示正确，且应清楚站用电交流系统的接线方式。当全站失电时应判断交流电是否全失，防止蓄电池过度放电。

4.5.2　监控事故处理

一、事故处理的原则和规定

监控员负责接入监控系统的受控变电站设备故障的发现、汇报工作，并在各级调度的指挥下进行事故处理，对遥控操作的正确性负责。

（一）事故检查和汇报

（1）事故信号发出后，当值人员应在告警窗中筛选关键信号，结合监控画面上断路器变位或闪烁情况、光字牌动作复归情况、相关遥测值变化情况综合分析判断事故性质，及时将有关事故的情况准确报告值班调度员，主要内容包括：

1）事故发生的时间、过程和现象。

2）断路器跳闸情况和主要设备出现的异常情况。

3）继电保护和安全自动装置的动作情况（动作或出口的保护及自动装置）。

4）频率、电压、负荷的变化情况。

5）有关事故的其他情况。

（2）及时通知运维人员进行现场检查、确认，并做好相关记录。

（3）运维站人员到达现场，检查设备实际情况后，应及时与值班监控员核对信息，并在相应调度机构当值调度员的指挥下进行事故处理操作。事故处理过程中的业务联系由现场运维人员与相应调度机构当值调度员直接进行。

（二）监控事故处理时的要求

（1）紧急情况下，为防止事故扩大，监控员可不经调度命令先行进行以下遥控操作，但事后应当尽快报告值班调度员并通知现场运维人员到现场检查：

1）将直接威胁人身安全的设备停电。

2）将故障设备停电隔离。

3）解除对运行设备安全的威胁。

4）各级调控机构调度规程中明确规定可不待调令自行处理的事项。

（2）安全自动装置切掉的馈路在事故处理过程中不得送电，待系统恢复正常运行方式后根据调令逐步恢复。

（3）当主变压器过负荷时，禁止线路超过允许负荷运行，线路超允许负荷时，需先限电再转供负荷；主变压器正常情况下不能超过额定容量运行。特殊情况下，如果变压器超过额定容量运行，应加强主变压器负荷监视，及时汇报调度，根据调令按照"电网事故限电序位表"依次进行拉路限电，当调度下达限电命令后，应迅速完成各站的单一拉闸限电操作。

（4）事故处理中应严格执行相关规章制度，监控员在监控长的组织下，密切配合、合理分工，迅速正确配合调度处理电网事故。

（5）监控员应服从各级值班调度员的指挥，迅速正确地执行各级值班调度员的调度指令。当值人员如果认为值班调度员指令有误时应予以指出，并做出必要解释，如果值班调度员确认自己的指令正确时，监控员应立即执行。

（6）在调度员指挥事故处理时，监控员要密切监视监控系统中相关厂站信息的变化，关注故障发展和电网运行情况，及时将有关情况报告相关值班调度员。

（7）调度员和监控员按照职责分工进行各项工作的上报和通知，遇有重大事件时，应严格按照重大事件汇报制度执行。

（三）事故处理完成后的要求

（1）事故及异常处理完毕后，运维操作站人员检查设备正常，并与各级调度机构及监控员核对运行方式及相关信号确已复归。

（2）事故处理后应在监控值班长的组织下完成各种记录，做好事故的分析和总结。

二、主变压器跳闸事故处理

（1）变电站主变压器发生跳闸事故时，监控员应详细记录事故发生变电站名称、时间、保护动作信息、断路器分闸情况，并严密监视站内其他主变压器有无过负荷情况，若出现严重过负荷，监控员可依据调度指令进行拉闸限电。

（2）及时向值班调度员详细汇报事故内容。

（3）及时通知运维站人员赶赴现场进行检查、确认，并在现场核对相关信息无误。

（4）加强与现场值班人员联系，掌握现场事故处理情况，严防事故扩大，并做好事故预想。

（5）加强对运行主变压器负荷、温度、冷却器运行情况以及全站所用系统和直流系统的监视。

三、全站失压事故处理

（1）发生变电站全站失电事故时，监控员应详细记录事故发生的变电站名称、时间、保护动作信息、开关分闸情况。

（2）监控员根据相关保护信息、断路器动作情况、所用信息情况判断为全站失电时，应及时通知运维人员确认现场设备实际情况，并将事故情况汇报值班调度员。

（3）运维值班人员依据调度命令拉开所有出线断路器，根据各变电站反事故预案，恢复对所用系统供电，监控员对事故现场倒闸操作等事故处理情况做好详细记录。

（4）监控员应加强对直流系统的监视，确保直流系统的安全运行。

四、线路保护动作事故处理

线路故障跳闸后，监控员应立即通知运维人员对站内设备进行详细检查，与现场人员核对信息，并详细记录事故发生变电站名称、时间、保护动作信息、断路器分闸情况。不论重合闸动作与否，都要求运维站人员对站内设备进行详细检查。

监控员应及时了解运维人员现场检查情况，并做好相关记录和汇报工作。

4.5.3 典型异常信息判断举例

常见监控异常信息判断见表 4-20。

表 4-20   常见监控异常信息判断

监控信息内容及现象	对应异常及故障
监控人员收到信息：同一时间收到"2 号所用变压器轻瓦斯保护告警"和"2 号所用变压器压力释放告警"两条信息	监控判断：2 号所用变压器内部有故障。 与变电站核对：变电站内监控后台机只收到了"2 号所用变压器轻瓦斯保护告警"信息，因下雨受潮，2 号所用变压器气体继电器内有部分空气。 检查信息库："2 号所用变压器轻瓦斯保护告警"和"2 号所用变压器压力释放告警"两条信息远动点均为 2682 点，所以调控中心监控后台机收到了两条信息

监控信息内容及现象	对应异常及故障
调监控中心与变电站定期核对信息，发现变电站有以下信息，但调控中心没有： （1）"格林线 3312 断路器第一套故障启动保护 CSC-125A 录波完成"动作/复归信号、330kV 格林线 3312 断路器第一套故障启动低功率元件动作、330kV 格林线 3312 断路器第一套故障启动低电流元件动作、330kV 格林线 3312 断路器第一套电流突变量动作。 （2）"35kV 2 号电抗器 3508 保护 CSC-231BI2 弹簧未储能"动作、复归	原因:保护信息管理系统机与监控系统程序兼容性存在问题
传动验收时，调控中心收不到以下信息：4 号电容器 351017、351027 接地刀闸分合位置	检查信息库: 4 号电容器 351017 接地刀闸远动上传点为 311 点，351027 接地刀闸远动上传点为 312 点，这两个信息点在信息库中没有加入
监控人员收到：110kV 格东牵线 "保护装置报警闭锁"信号	判断: 装置已经闭锁，不能进行正确动作。 检查: 保护装置生产厂家未设计装置失电告警信号，只有装置闭锁信号。所以装置失电和装置闭锁时发同一个信号
监控人员与现场定期核对信息时出现有功、无功方向与现场不一致现象	原因:定义遥测值潮流方向时调控主站与现场不一致所致
监控人员收到"盐湖变电站 110kV 盐饮 II 回第一套保护网络状态 1 动作"信息及光字牌。与变电站核对，变电站没有此信息	原因:装置实际在发此信息，自动化装置给监控后台机已经发送。在给变电站监控后台机发送此信息时进行了延时限值，增加了附加条件。例如：一条信息在动作后，立即自动复归，则不送往变电站后台机，信息动作后 20s 仍未复归的信息才送至变电站后台机
变电站正常操作断路器分闸后，调监控中心后台打出"事故总信号"及"断路器事故跳闸信号"，同时发出事故音响	原因:调控系统在断路器变位和事故总信号同时发出时，则判断为事故跳闸。 处理:给调控中心监控机发送信息，在发断路器变位信息时，将事故总信号发出时间进行延时设置
调控中心后台机同时收到某变电站： 1 号站用变压器 3503 过电流保护动作； 1 号站用变压器 3503 高侧零流动作； 1 号站用变压器 3503 低侧零流动作； 1 号站用变压器 3503 不对应合闸动作； 1 号站用变压器 3503 调压轻瓦斯动作； 1 号站用变压器 3503 冷却器故障； 1 号站用变压器 3503 压力释放； 1 号站用变压器 3503 油温过高； 1 号站用变压器 3503 限流器动作； 1 号站用变压器 3503 机组保护跳闸； 1 号站用变压器 3503 低电压动作等信号。 与变电站核对：变电站没有以上信息	原因：（1）个别厂家的远动装置重新启动时，会将本装置信息库中的所有信息全部自动发送一遍。 （2）个别厂家的测控装置断电后，也会将本装置所接入信息全部自动发送一遍

监控信息内容及现象	对应异常及故障
运行中监控人员看到：110kV 巴厚牵线 11303 刀闸"分"、"合"信息。 与现场核对：变电站实际设备未动作	原因：测控装置无法采集刀闸位置，所以远动机及调控中心后台机显示在"分"、"合"位置之间进行切换
调控后台机显示：某变电站直流遥测量值全部为零	原因：站内远动装置未转发此信息
巡视检查调控后台发现：某变电站 1 号主变压器高压侧 I_b、I_c 遥测量无数值	原因：站内远动装置已转发该遥测量，调控主站信息库内未定义
调控后台机收到：35kV 1 号、2 号所用变压器控制电源消失	原因：所用变压器控制电源与备用电源空气开关辅助接点并接在一起，由于备用电源空气开关未合上，所以空气开关跳闸报警一直在发，不能复归
调控中心后台机收到：主变压器温度 70℃。与现场核对：现场监控机显示 33℃	原因：站内远动装置已转发该遥测量，调度信息库内参数设置有误，造成数值不一致
调监控后台机收到："GPS 呼唤告警Ⅱ"光子牌点亮。 与现场核对：现场监控机无此信息	分析：信息正确。GPS 接受不同卫星信号时，会发此信息
调控后台机收到：某变电站所有监控信息不上传，没有告警铃声	原因：变电站与通信主站或者主站与监控后台机之间通信中断
核对一次主接线图：110kV 格东牵线 115167 刀闸无描述	原因：调控主站未完善主接线图标注
调控后台与变电站后台：1 号主变压器油温显示均为 103.5℃。检查主变压器本体为 23℃	原因：正确信息。属于温度采集系统缺陷
调控后台机频发："2 号主变压器非电量保护通信"中断、恢复信息。 与现场核对：变电站现场无此信息。	原因：通信协议不匹配
调控后台机收到：330kV 3312 断路器 PSL632C 网络状态 B 动作。 与现场核对：变电站无此信息	原因：通信存在闪断
调控后台机收到：35kV 35146 刀闸分—合—分。 与现场核对：现场无此信息	原因：35146 隔离开关辅助接点不稳定
调控后台机收到：110kV 花堡Ⅰ回保护 RCS-941B 通道试验异常	原因：该保护装置收发信机 3dB 告警
调控后台机收到：110kV 花红Ⅰ回 83 开关跳闸，RCS-941A 光纤差动保护零序过电流Ⅱ段动作，距离保护Ⅱ、Ⅲ段动作，B 相故障。RCS-941A 光纤差动保护未动作。LFP-941B 高频保护零序过电流Ⅱ段动作，距离Ⅱ、Ⅲ段动作，B 相故障。 线路自动重合闸投入，但未动作，重合闸方式为三重	判断：线路发生单相故障，保护动作，线路三跳。距离Ⅲ段保护动作，闭锁自动重合闸，所以线路未进行重合。 事故后检查保护定值：距离Ⅲ段保护闭锁自动重合闸。按故障测距检查线路，故障点在对侧变电站内

监控信息内容及现象	对应异常及故障
调控后台机收到："330kV 李曹Ⅰ线 PSF-631 装置动作"信息，一直没有复归。但有时在收到该信号的动作信息后，立即会收到复归信息	判断：该装置动作后，有时能够进行自动复归，有时不能。 检查处理：PSF-631 收发信机对侧发信或本侧保护启动发信后，装置不能自动复归信号，站内测控装置一直向监控后台机发此信息，需要手动复归装置。 装置在每隔一段时间进行自检时，装置动作后能够进行自动复归。调控后台机收到该信号动作信息后，紧接着就会收到复归信息。 现场运行人员进行本侧通道试验时，监控后台机也会在运行人员试验装置时，先收到动作信息，紧接着就会收到复归信息
调控后台机收到："主变压器通风异常"信息	判断：主变压器通风回路有部分元件故障。 检查信息库及设备：该信息发出的可能性有两种：①辅助或者备用冷却器启动。②部分风扇回路故障
调控后台机收到："主变压器通风故障"信息	判断：主变压器通风回路电源或部分元件故障。 检查信息库及设备：该信息发出时，主变压器冷却系统已经全停。对于强迫油循环冷却变压器，如果该信息发出后不能复归，20min 后主变压器会跳闸。所以，该信息一般不与其他信息进行合并
调控后台机收到："××间隔无电"或"×相进线无电"	一般指该间隔带电显示装置显示"无电压"
调控后台机收到："×号主变压器高压侧过负荷"、"×号主变压器中压侧过负荷"动作信息，紧接着会收到对应复归信息。但监控人员在遥测值中并没有发现过负荷电流值	判断：该主变压器已经发生过负荷。 跟踪检查后发现：对于带有电气化铁路负荷的变电站，出现该现象时火车正在该地区通过。电铁负荷一般为瞬时单相负荷，冲击电流造成保护告警
调控后台机收到：WGQ-871A 保护装置发"低功率元件动作（包括装置 TV 断线动作、装置告警Ⅱ动作）"信息	原因：该装置灵敏度较高，保护整定值为 2W，当实际功率为 1.88W 时，就会发出此信号。 处理：将定值适当调低
调控后台机收到：WGQ-871A 保护装置发"低功率因素动作（包括装置 TV 断线动作、装置告警Ⅱ动作）"信息	原因：当线路无功功率大于有功功率时，发此信号，且与功率方向无关。 在大电网联络线路中，经常会出现潮流方向发生改变，所以此信息会经常出现
调控后台机收到：××××年××月××日 10:21，X 变电站 330kV XY 线路 WXB-15A 和 WXB-11A 高频保护装置分别报"高频零序出口"、"高频加速出口"，故障相别 A 相，保护测距分别为 28、29.88km，断路器保护自动重合闸动作。线路断路器三相跳闸。本线路故障录波器启动。Y 变电站 330kV XY 线路 WXB-15A 和 WXB-11A 高频保护装置分别报"高频零序出口"、"高频加速出口"，故障相别 A 相，保护测距分别为 0.08、0.06km，断路器保护自动重合闸动作。线路断路器三相跳闸。	判断：XY 线路靠近 Y 变电站发生 A 相永久性故障，重合闸动作，A 相重合，加速保护动作，跳开三相。 故障检查结果：Y 变电站发生 XY 线路出线套管断裂故障

监控信息内容及现象	对应异常及故障
Y 变电站内所有故障录波器均启动，其他设备保护均未启动。 本线路全长 25.05km	
调控后台机收到："A 变电站 1 号主变压器 WBH-800 保护装置 CPU1 主变压器复合电压出口动作"信息。 A 变电站内无其他异常信息	检查：该变电站 1 号主变压器低压侧 35kV 三相电压中一相降低，其他两相正常。判断为 1 号主变压器低压侧母线电压互感器一相熔断器熔断。 处理：更换熔断器后，35kV 电压恢复正常，主变压器保护异常信号复归
调控后台机收到："B 变电站 110kV 公用信号 Ⅰ 母 TV 自动分闸报警" 动作信息	判断：110kV Ⅰ母 TV 二次空气开关跳闸。 检查设备及信息合并情况：原因为 110kV Ⅰ母 TV 汇控柜内照明电源小空气开关跳闸。 该信息为合并信息，汇控柜内Ⅰ母 TV 二次回路、照明电源、设备加热电源等空气开关位置信息经过合并后给变电站内测控装置送一个信息点，该信息命名为"B 变电站 110kV 公用信号Ⅰ母 TV 自动分闸报警"。只要其中一个空气开关跳闸，都会发出该信息。 如果该信息"动作"后，经过 1min 以上的时间间隔收到"复归"信息，说明有人在现场操作相关空气开关。 如果该信息"动作"后，经过毫秒级的时间间隔收到"复归"信息，说明空气开关有接点误动作现象，需要立即检查处理

第 **5** 章

典型调控一体化系统应用实例

5.1 CC-2000A 调控一体化系统应用

5.1.1 CC-2000A 总体功能

一、总体架构

CC-2000A 系统总体架构如图 5-1 所示。

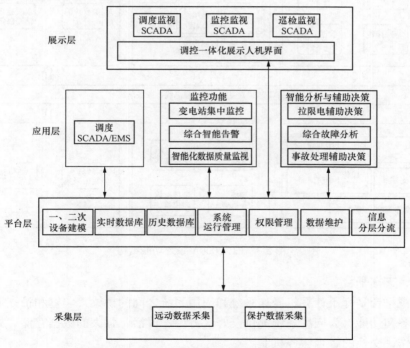

图 5-1　CC-2000A 系统总体架构

二、层次架构

CC-2000A 系统层次架构如图 5-2 所示。

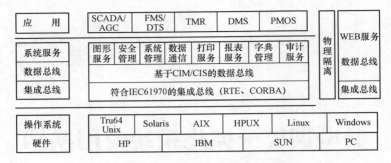

图 5-2　CC-2000A 系统层次架构

三、功能结构

CC-2000A 系统功能结构如图 5-3 所示。

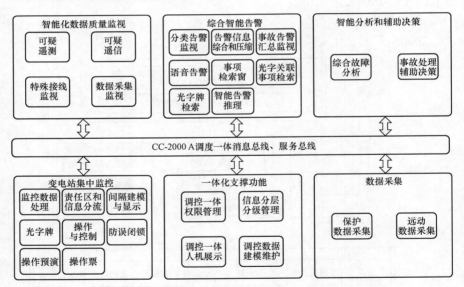

图 5-3　CC-2000A 系统功能结构

四、支撑平台

支撑平台是介于计算机操作系统和应用系统之间的桥梁，丰富和扩充了操作系统的服务和功能，为应用系统提供友好、方便、灵活、强大的数据存储、处理、显示、操作、交换的综合服务机制。

（1）CC-2000A 支撑平台的架构组成如下：

1）分布式系统管理和监视环境—RTE（Real Time Environment 实时运行环境）。

2）数据库管理系统—RTDB。

3）基于 Java/Web 的人机系统—MMI。

（2）RTE 是 CC-2000A 系统的核心管理部分。RTE 是一个实时运行环境，它为运行管理（如实时数据库管理、人机界面管理等）及具体应用（SCADA、EMS、配电管理、调度员培训模拟、电力市场等 ）提供一个运行环境，也为不同等级的用户（应用开发员、系统管理员、系统操作调度员）提供一个开发运行环境。RTE 总线结构包括事件处理、系统监视和数据底层组播三部分。

（3）RTE 的主要内容包括事件分配和管理、系统监视。

1）事件分配和管理。事件管理是整个 RTE 的核心，它提供事件的注册管理、外部事件的接收管理（即负责节点间事件的传递和管理）、内部事件的分配管理（即负责节点内部各个 BOB 的事件管理）等功能。

2）系统监视。系统监视分本地监视和节点监视。本地监视负责监视本节点运行的 BOB 进程，当进程异常时，根据配置进行相应的处理。节点监视负责网络节点间监视、系统启动时主备竞争管理、系统主备故障切换等。

5.1.2　CC-2000A 系统应用

一、主要人机界面

CC-2000 A 调控一体化系统的功能界面，按照用户角色进行组织。各角色用户登录系统之后，打开的功能界面只集中显示该角色，例如以调度员角色登录，显示界面仅为系统预先配置给调度员所需要的功能。各角色可以使用的功能是可配置的。主要角色类型包括调度员、监控员、管理员（自动化人员）。

（1）CC-2000A 系统一体化展示人机界面如图 5-4 所示。

（2）CC-2000A 系统调度主界面如图 5-5 所示。

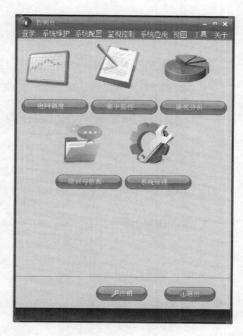

图 5-4　CC-2000A 系统一体化展示人机界面

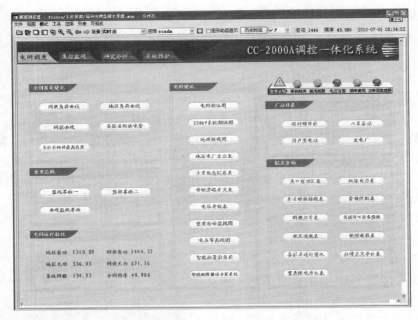

图 5-5　CC-2000A 系统调度主界面

（3）CC-2000A 系统自动化主界面如图 5-6 所示。

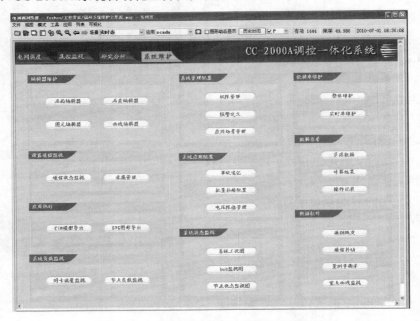

图 5-6　CC-2000A 系统自动化主界面

（4）CC-2000A 系统监控功能主界面如图 5-7 所示。

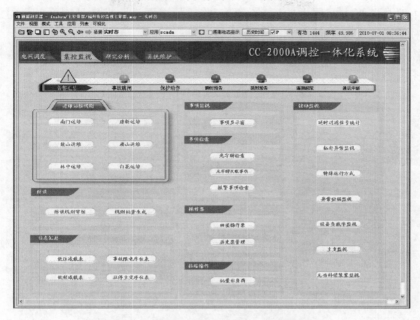

图 5-7　CC-2000A 系统监控功能主界面

（5）CC-2000A 系统间隔细节如图 5-8 所示。

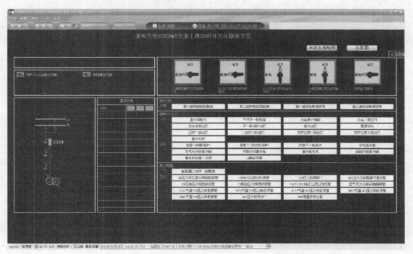

图 5-8　CC-2000A 系统间隔细节图

（6）CC-2000A 系统厂站接线单线图如图 5-9 所示。

单线图是调度员、监控员日常监视电网和厂站运行工况的基本人机接口。由于调度员主要是监视电网层面的运行工况，监控员主要是监控厂站层面的运行工况，因此其对单线图所呈现的内容需求有差异。

调控一体化系统支持对于单线图上某一类设备定义与其所关联的角色，进而实现单线图内容和角色定制。

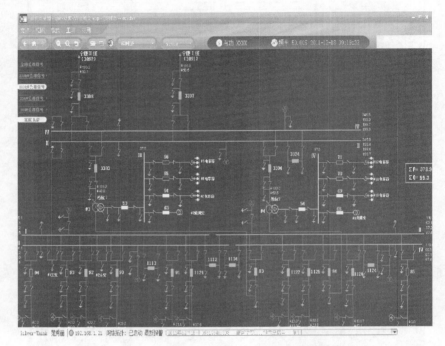

图 5-9　CC-2000A 系统厂站接线单线图

二、CC-2000A 监控功能应用

（一）间隔细节图应用

间隔细节图是监控员日常监视厂站工况、进行远方操作的基础功能界面。CC-2000A 系统的间隔细节图由多个功能区组成，包括间隔接线图、间隔内具体保护信号光字牌、间隔量测监视区、压板情况、设备"远方/就地"情况等，如图 5-8 所示。

登录系统后，在浏览器右键单击主设备，在弹出菜单中选择间隔光字图菜单项，打开间隔细节图画面。

（1）标题区。上部中间部分显示间隔主设备描述，右边部分按钮能返回集控员监视主界面，如图 5-10 所示。

图 5-10　标题区

（2）间隔接线图。为自动生成的细节图，能直观地显示出此间隔在厂站接线图的连接方式，以及各元件实时状态等信息，如图 5-11 所示。

（3）量测监视区。显示该间隔电流、有功、无功实时遥测量值，如图 5-12 所示。

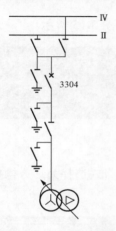

3304

量测信息	
I_a(A)	339.75
I_b(A)	326.01
I_c(A)	319.99
P(MW)	−186.2
Q(Mvar)	−55.2

图 5-11　间隔接线图　　　　　　　　图 5-12　量测监视区

（4）保护信号光字牌区。按类别显示间隔关联保护信号，能直观显示出间隔运行工况，如图 5-13 所示。

图 5-13　保护信号光字牌区

（5）压板投退情况。显示该间隔保护压板投退情况，如图 5-14 所示。

图 5-14　压板投退情况

（6）通信状态监视。显示该间隔保护通信状态，如图 5-15 所示。

图 5-15　通信状态监视

（7）"远方/就地"情况。显示该间隔内某元件操作方式选择为远方操作方式还是就地操作方式，如图 5-16 所示。

图 5-16　"远方/就地"情况

　　对间隔的所有操作，包括遥控、遥调、设点、光字牌操作等，均能在间隔细节图上通过右键菜单完成。

（8）厂站间隔总监控图。厂站间隔总监控图在调控主界面图上，通过单击相应厂站的光字牌调用，如图 5-17 所示。

（9）设备间隔细节图。设备间隔细节图在厂站单线图上通过单击间隔主设备右键菜单调用，如图 5-18 所示。

（10）公用信号。公用信号包括全厂和各电压等级公用，通过单击厂站图左上部分的公用信号按钮调用，如图 5-19 所示。

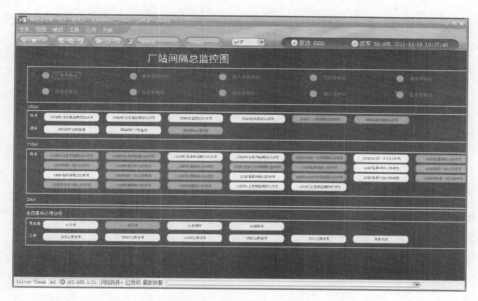

图 5-17　厂站间隔总监控图

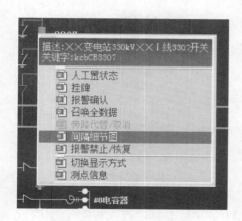

图 5-18　设备间隔细节图

图 5-19　公用信号

（11）公用信号细节图。公用信号细节图包括标题区和保护信号光字牌区两部分，如图 5-20 所示。

（12）间隔细节图上的操作。在间隔细节图右键菜单上进行人工置设备状态、挂牌、召唤全数据等操作，如图 5-21 所示。

（13）量测调用。右键单击菜单，可以具体进行下一步相关操作，如图 5-22 所示。

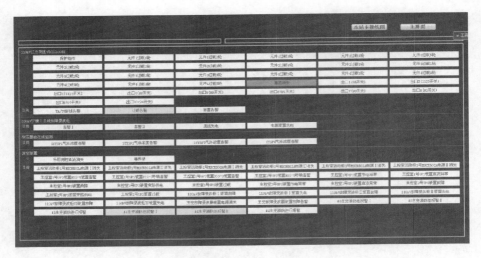

图 5-20 公用信号细节图

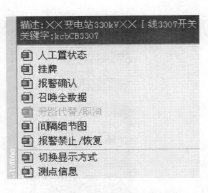

图 5-21 间隔细节图上的操作

图 5-22 量测调用

（14）保护信号的操作。右键单击菜单，可以具体进行本条信号确认、本间隔所有信号确认、本厂站所有保护信号确认操作，如图 5-23 所示。

（二）画面浏览

画面显示窗口用于显示调度员、监控员调阅的各种画面。画面显示窗口由窗口标题区、操作图标、画面显示区、水平滚动棒和垂直滚动棒组成。标题区显示窗口中的画面名和操作图标，包含对画面进行缩放、平移、跳层、导航等功能。

（三）控制和操作

操作菜单分为遥信操作菜单、遥测操作菜单和保护信号操作菜单。

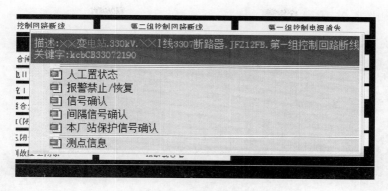

图 5-23 保护信号的操作

（1）遥信操作。在接线图中选择所要操作的遥信点后，单击鼠标右键，弹出遥信操作菜单，如图 5-24 所示。

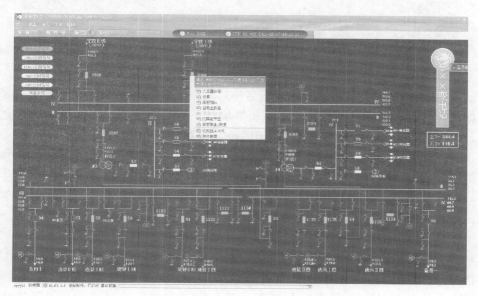

图 5-24 遥信操作菜单

通过遥信操作菜单可做如下操作：人工置状态、挂牌、报警确认、召唤全数据、旁路代替/取消、间隔细节图、服务/退出选择、报警禁止/恢复、取反设置、测点信息。在操作界面弹出过程中，如发生错误，将弹出错误窗口，显示错误信息。

（2）遥测操作。在单线图中选择所要操作的遥测点，单击右键，将弹出遥测操作菜单，如图 5-25 所示。

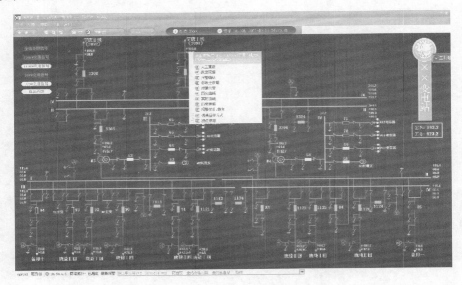

图 5-25　单线图中遥测操作菜单

图 5-25 中遥测点名称即所选点的名称，是不可输入域。通过遥测操作菜单可做如下操作：人工置数、改变限值、报警确认、召唤全数据、对端代替、历史曲线、实时曲线、历史表格、服务/退出服务、报警禁止/恢复、转换系数、取反设置、测点信息。在操作界面弹出过程中，如发生错误，将弹出错误窗口，显示错误信息。

在间隔细节图中选择所要操作的遥信点后，单击鼠标右键，弹出遥测操作菜单，如图 5-26 所示。

在该界面可以实现的操作，比图 5-25 中多了遥控和遥控测试。

（3）保护信号操作。在光字图画面中，选择所要操作的保护信号，右键单击保护信号，弹出保护信号操作菜单，如图 5-27 所示。通过保护信号菜单可以进行如下操作：人工置状态、报警禁止/恢复、服务/退出选择、信号确认、间隔信号确认、打开关联信号、测点信息。

（四）事项监视和查询

（1）实时报警检索。在实时报警检索中，集中显示各模块报警信息，为调度员和监控员日常监控电网和厂站运行工况提供支持。

实时报警检索由两大功能区组成，即类别选择窗和分类实时监视窗。各功能区的功能如下：

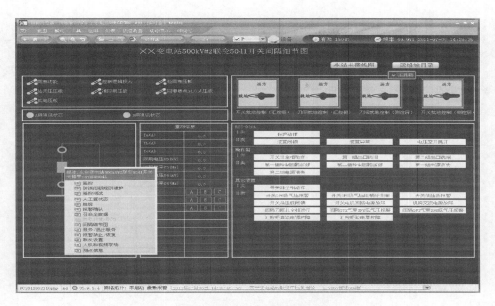

图 5-26　间隔细节图遥测操作菜单

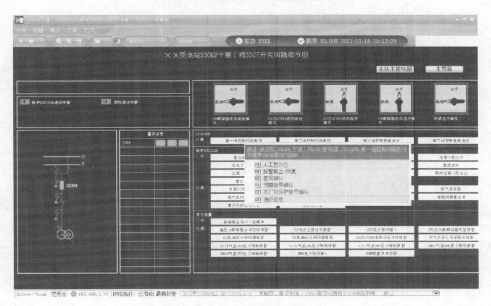

图 5-27　保护信号操作菜单

1）类别选择窗。以树状结构组织事项类别，通过鼠标点选方式，在右侧"分类监视窗"中实现事项的分类浏览。类别树可根据用户需求灵活配置。

2）分类实时监视窗。根据用户在"类别选择窗"中点选的事项类别，过滤出该类别事项，实现用户对具体某一类事项的实时监视。

（2）报警监视主界面。报警监视主界面主要包括"监控事项"、"电网事项"、"系统事项"、"操作事项"四大类，如图5-28所示。报警分类树如图5-29所示。

图5-28　报警监视主界面

1）在报警分类功能菜单中选择"停止刷新"，即可停止报警的实时刷新。

2）在报警分类功能菜单中选择"开始刷新"，即可开始报警的实时刷新。

3）选择全部，报警窗口显示全部报警记录。

4）选择SOE报警，报警窗口显示SOE报警记录。

5）选择非SOE报警，报警窗口显示非SOE报警记录。

（3）历史报警检索。历史报警检索是对关系库中的报警记录进行的详细查询，支持报警记录按照时间过滤，按照厂站、数据类型、量测、模糊查询等过滤条件进行查询，也可把设置好的查询条件保存成模板，方便以后进行查询。

（4）告警汇总窗。告警汇总窗是对实时库中的报警记录进行的实时显示查询，支持报警记录按照时间、厂站、事项来源等过滤条件进行查询。可以对实时的告警信息进行确认，并且可以通过告警信息，直接跳转查询到相应厂站或者相应间隔的信息。

（5）实时数据监视。

图 5-29　报警分类树

1）母线电压监视。进入监控主界面，可以通过实时监控中的母线电压监视一览表，来打开相应界面，如图 5-30 所示。

2）主变压器状态监视。进入监控主界面，可以通过实时监控中的主变压器状态监视一览表，来打开相应界面，如图 5-31 所示。

3）母联（母分）开关状态监视。进入监控主界面，可以通过实时监控中的母联（母分）开关状态监视一览表，来打开相应界面，如图 5-32 所示。

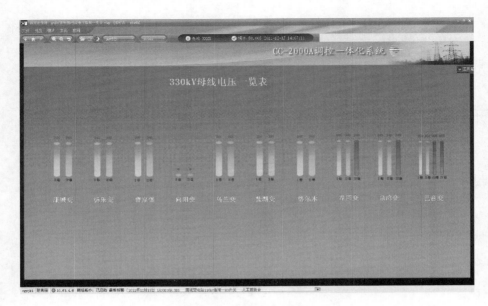

图 5-30　母线电压监视

图 5-31　主变压器状态监视

4）无功补偿装置监视。进入监控主界面，可以通过实时监控中的无功补偿装置监视一览表，来打开相应界面，如图 5-33 所示。

图 5-32　母联（母分）开关状态监视

图 5-33　无功补偿装置监视

　　5）通信状态监视。进入系统维护主界面，可以打开各厂站的通信状态监视图，如图 5-34 所示。

图 5-34　通信状态监视

6）厂站总光字牌。进入集中监视主界面，如图 5-35 所示。

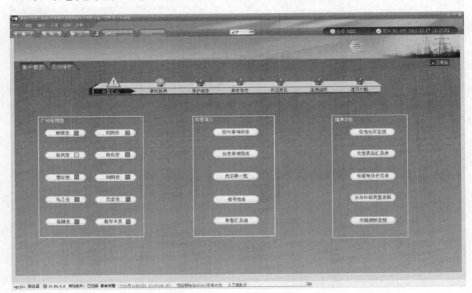

图 5-35　厂站总光字牌

目录左侧厂站接线图中，厂站名称右侧的矩形闪烁框即为全厂总信号导航灯。

导航灯的颜色为当前全厂动作的最高等级信号的颜色。红色一般为 I 类告警信息，黄色为 II 类告警信息。如果当前动作信号中有自保持信号，导航灯在变换颜色的同时，增加闪烁显示。

（五）监控人员对多源数据应用

采集源管理是对电力系统中线路和设备实时运行参数（信号和测量数据）进行查询，对通道源优先级及取反状态进行修改，主要分为 SCADA 多源及采集多源。SCADA 多源数据主要来源于 SCADA 实时库。采集多源数据主要来源于前置实时库。多源的查询类型主要分为遥信和遥测两种，遥信主要指的是电网中控制设备的控制信号，如断路器及隔离开关的位置状态；遥测指的是电网中运行设备的运行值，如线路和变压器的电压及温度。遥测数据和遥信数据的操作完全一样（仅界面略有不同）。

多源界面提供的主要功能有按分类查询数据、刷新数据、配置采集源显示、设置通道源的选择方式、设置通道的取反属性、根据质量位显示数据的颜色、多源数据切换。

（六）事故追忆

事故追忆 PDR（Post Disturbance Review）的主要功能是记录电力系统的事故信息，并在之后的时间里将事故按时间顺序重现。

PDR 的记录部分每分钟将 PSBOB 系统事件记录为一组日志文件（包括日志索引文件、小尺寸事件日志文件、最小尺寸事件日志文件），每隔一定的时间对 PSBOB 实时数据库做一个快照。这些日志文件和快照文件放在一个中间文件夹目录下，这些文件定时会被删除（如设定 PDR 程序自动删除 24h 之前的文件）。PDR 记录部分收到触发事件后，在 SCEN_FILE 表中形成一条场景记录，并将触发时间前后一定时间内的日志文件和相应的实时库快照文件复制到场景文件夹中。

PDR 的反演部分是根据选定的场景，将场景文件从 PDR 记录服务器上复制到当前节点。反演时程序首先将实时库信息根据快照文件和日志文件恢复到场景开始时刻，然后从日志文件中读取事件，并将这些事件由 RTE 发送至本节点相同模式下的 PSBOB、ALMHAN 等其他模块。工作人员即可以通过人机画面观察该场景的变化信息。

PDR 的分析部分也是根据选定的场景，将场景文件从 PDR 记录服务器上复制到当前节点，分析时也需要将实时库信息根据快照文件和日志文件恢复到场景开始时刻。与 PDR 反演所不同的是从日志文件读取事件信息后，anapdr 程序自己处理这些事件，并将处理后的信息写入数据库中。分析完毕之后，工作人员即可以通过人机系统读到这些数据。

PDR 具有事故反演功能。通过 PDR 界面可以选择已经记录的各个时段的任何一个小时段的电力系统作为反演的对象。

（七）防误闭锁

（1）拓扑防误。在系统原有的基本防误操作基础上，拓扑增加专门的防误操作模块，如图 5-36 所示。

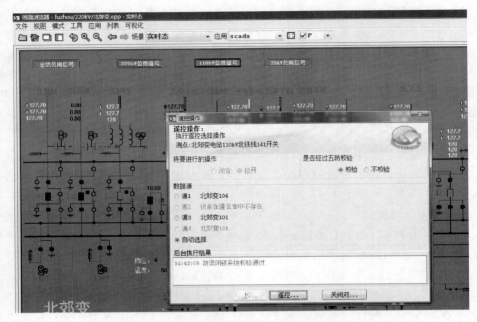

图 5-36　拓扑防误操作

（2）常规防误闭锁。系统具备基本的防误操作功能，如断路器与隔离开关、隔离开关与接地刀闸之间的分合位置闭锁、电气量闭锁。

（八）操作预演和变电操作票

（1）可完成的项目。实时模拟预演；完全图形电气仿真操作；作防误闭锁校验；多种生成操作票方式，如单步票、典型票、模版票；历史票管理。

（2）图上开票。在开票系统里的主接线图、二次系统图上直接单击操作相关设备，系统将按照操作步骤和设备自动生成操作票，如图 5-37、图 5-38 所示。

三、CC-2000A 系统调度功能应用

（一）智能数据质量监视

（1）可疑遥测。正常运行中对电网主设备、主要断面、主要监测点的遥测数据进行重点监视，发现可疑遥测量及时进行分析、判断和处理。监视界面如图 5-39、图 5-40 所示。

变电站（发电厂）倒闸操作票

单位:　　　　　　　　　　　　　　　　　　　　　　编号:

发令人		受令人	发令时间:	
操作开始时间:			操作结束时间:	
操作任务:				
××变电站220kV××Ⅰ路213开关由运行转检修。				

执行情况	序号	操作项目	操作时间
	1	检查220kV××Ⅰ路213开关电流表指示正确	
	2	检查220kV××Ⅰ路213开关电流确指示为零（无指示）	
	3	检查220kV××Ⅰ路213开关送电范围内确无接地短路	
	4	合上220kV××Ⅰ路213开关控制电源开关	
	5	拉开220kV××Ⅰ路213开关	
	6	检查220kV××Ⅰ路213开关在开位	
	7	拉开220kV××Ⅰ路2133刀闸	
	8	检查220kV××Ⅰ路213开关在开位	
	9	拉开220kV××Ⅰ路2131刀闸	
备注:			

操作人:　　　　　　　　监护人:　　　　　　　　值班负责人:

图 5-37　自动生成操作票

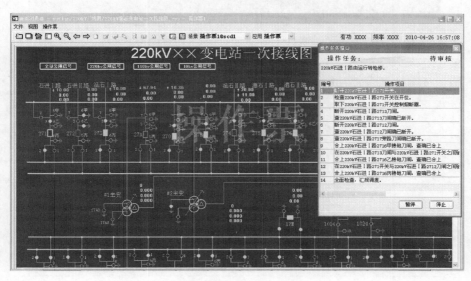

图 5-38　在系统开票

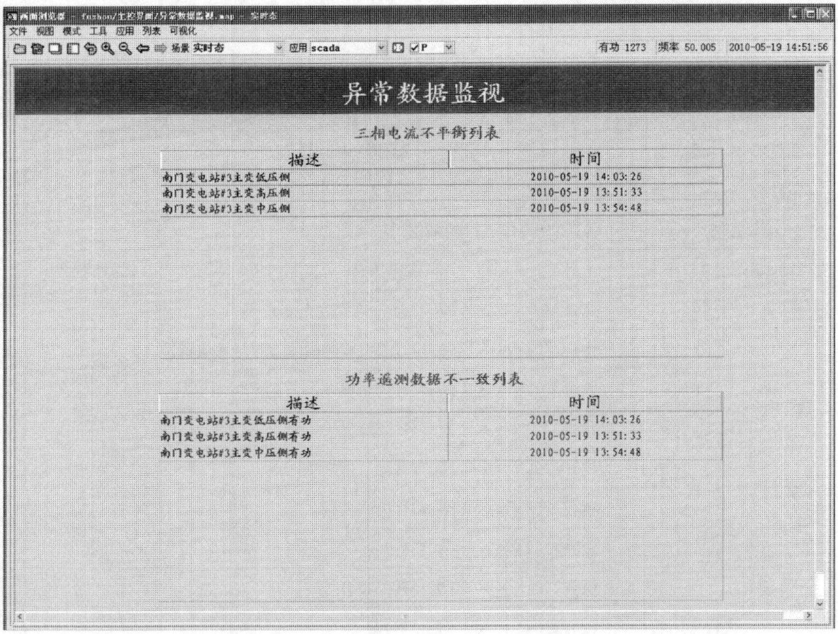

图 5-39　异常数据监视

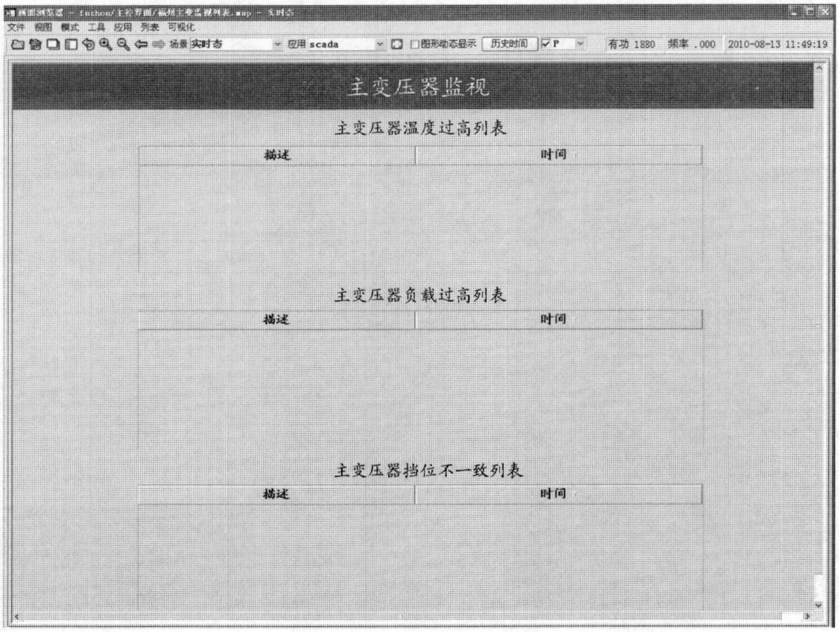

图 5-40　主变压器监视

（2）特殊接线监视。调度运行中对电网特殊运行时期、当日采用特殊接线方式的厂站或按照特殊运行方式运行的间隔进行重点监视。

（3）可疑遥信。对运行中出现的设备位置变化、网络状态等遥信信号进行重点查询和监视。

（4）报文监视。对运行中系统上送的信息报文进行查看监视。

（二）智能分析与辅助决策

1. 拉闸限电辅助决策

（1）拉闸推理原则选择。在系统中设定拉闸限电负荷总量，选择所要拉的线路，设定所拉线路先后顺序。

（2）拉闸限电策略生成。系统按照上一步设定的原则，自动生成拉闸限电策略。调度员可以直接按照拉闸策略下令操作。

2. 故障推理

故障推理组件根据断路器的实时信息，通过报警信息结合电力系统结线分析方法，实现故障的快速定位。采用实时结线分析方法来识别故障前和故障平息后系统拓扑结构，找出这两个拓扑结构之间的差异，识别出故障区域。在此基础上，获得死岛对外的两个节点。通过这两个节点确定出故障元件。

3. 故障验证

结合遥测量信息，对推理出的具体故障元件进行验证，最终将故障范围定位到某一元件故障，缩小调度员的故障判别范围。推理结果综合展示如图 5-41、图 5-42 所示。

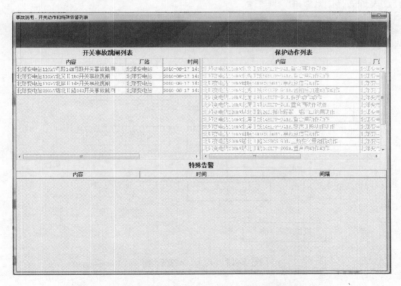

图 5-41　事故跳闸、开关动作和特殊告警列表

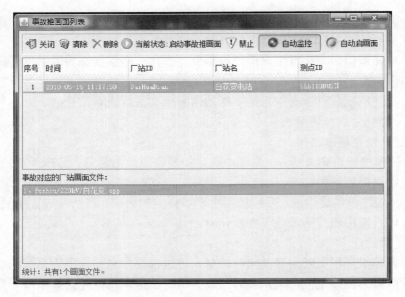

图 5-42　事故推画面列表

（三）自动电压控制系统（AVC）闭环控制

省地级电网自动控制：省地级电网→数据采集（SCADA）→AVC 计算→实时控制（SCADA）→省地级电网。

电网三级控制如图 5-43 所示。

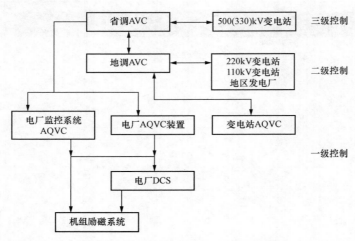

图 5-43　电网三级控制

（1）一级电压控制。控制设备包括发电机的自动电压调节器、有载调压变压器、可投切电容器等，通过保持输出变量尽可能地接近设定值来补偿电压快速的和随机的变化；就地补偿，控制时间为秒级。

（2）二级电压控制。各控制区独立控制，通过修改一级控制设备的整定值发生作用；保证关键母线的电压等于设定值；区域控制，控制时间为几十秒至分钟级。

（3）三级电压控制。考虑经济性与安全性，进行全局优化；控制时间为十几分钟至小时级。

省调控中心 AVC 系统作为三层控制的最高层，担负着指挥协调其他两层工作的任务，省调控中心 AVC 系统的控制设备主要为发电机、500（330）kV 变压器分接头实时调整、直接遥控低压 55（35）kV 电抗器和电容器的投切。

地调 AVC 自动控制地区范围内的 220（110）kV 变电站内主变压器分接头和并联补偿设备，用于保证地区电压质量和降低网损，同时协调省调 AVC 系统进行全网的无功电压控制。

电压无功控制 AVC 实现过程（以地调为例）如图 5-44 所示。

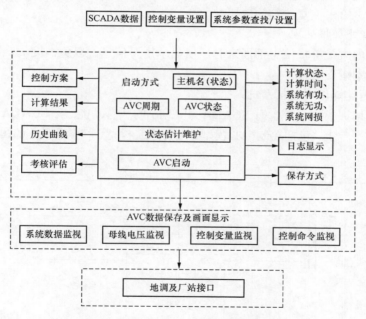

图 5-44　电压无功控制 AVC 实现过程

（四）负荷预测

负荷预测主要包括：

（1）超短期负荷预测（未来 5～50min）。供调度人员使用。

（2）短期负荷预测（日负荷预测、周负荷预测、节假日负荷预测）。供运行方式人员使用。

（3）短期负荷预测。

1）预测电网未来一天至一周的负荷。

2）考虑各种因素对负荷的影响，确定分解的负荷模型：负荷变化系数+负荷变化范围。

3）综合应用线性外推、线性回归和 BP 神经网络方法，也可选择其他算法。

4）可以实时地连接天气信息，有效地建立了考虑天气的负荷预报模型。

5）日预测均方误差在 3% 以下。

（五）事故处理决策支持系统（故障诊断与故障恢复控制）

当电网发生事故时，EMS/WAMS 系统能从各种记录故障信息的系统中收集有关信息，综合分析后显示故障，并自动启用故障处理辅助决策模块，向调度员提供事故发生原因分析及事故处理建议，辅助调度员提高处理事故的准确性和速度。可以诊断系统发生故障的类型（如一般故障、系统低频振荡等），确定故障发生的地区或影响范围，给出恢复控制的建议。

（六）智能警报处理

当短期内大量警报信息都涌来时，仅显示重要信息，以免调度员难以判断主要事故。可识别错误警报。

（七）调度员培训模拟系统

调度员培训模拟系统含有 SCADA 和 EMS 的所有功能，与 SCADA 和 EMS 建立在统一的平台上，包括控制中心模型、电力系统模型、教学系统，如图 5-45 所示。

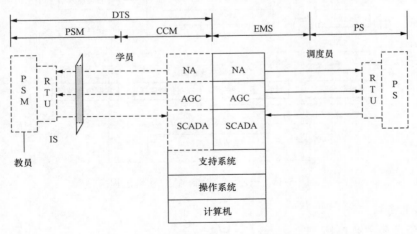

图 5-45　调度员培训模拟系统

（1）控制中心模型之一：数据采集与监控（SCADA）。包括数据采集和刷新、报警处理、越限和变位监视、远方调节和控制、数据统计、人机界面和人机操作、模拟不良数据、通道故障、RTU 故障等。

（2）控制中心模型之二：自动发电控制（AGC）。包括定频率控制、定交换功率控制、联络线偏差控制、定频率加时间校正、联络线偏差加时间校正、定交换功率加电量校正、联络线偏差加电量校正、联络线偏差加时间和电量校正。

（3）能量管理级应用软件。包括实时发电控制（AGC）、负荷预测、发电计划、机组组合、水火电协调、交换计划、交易评估。

调度员应用功能还有电网监视控制、状态估计实时网络状态分析、调度员潮流分析、静态安全分析等。

5.2 OPEN−3000 调控一体化系统应用

OPEN-3000 系统实现了 SCADA/EMS/TMS/DMS 系统（含 Web、DTS）一体化平台，属于新一代 EMS 系统。它可集成调度生产管理等应用系统，并且第三方应用功能即插即用。

5.2.1 OPEN-3000 总体功能

一、系统架构

OPEN-3000 系统统一支持调度中心的各种应用，可以在支撑平台上构架各种应用，从而构成不同的应用系统。如在平台上构架 SCADA、AGC、FES、PAS、DTS 等应用组成一个 EMS 系统，或在其上构架 SCADA、二次设备在线监控、操作票等应用构成一个监控系统。同时，平台还可以支持广域测量系统与公共信息平台系统。

OPEN-3000 支撑平台为各应用子系统提供统一的运行管理、数据访问、模块间通信、图形工具、报表工具、权限管理、告警处理、WEB 信息发布等公共服务，各应用子系统只需专注于各自业务逻辑的实现。

该系统是基于计算机、通信、控制技术的自动化系统的总称，是在线为各级电力调度机构生产运行提供电力系统运行信息、分析决策工具和控制手段的数据处理系统。电力调度自动化系统一般包含安装在发电厂、变电站的数据采集和控制装置，以及安装在各级调度机构的主站设备，通过通信介质或数据传输网络构成系统。OPEN-3000 系统架构如图 5-46 所示。

二、系统总控台启动

OPEN-3000 系统总控台将所有应用程序的启动与使用做成可视化按钮。系统总控台可以运行在所有具有实时库的工作站节点上，但是同一台工作站的终端不能同时启动两个总控台界面。如果总控台已经启动，再启动时，将弹出提示告警。

（1）总控台启动。在终端的命令行输入 o2000e_console。总控台启动成功后，屏幕上将出现系统控制面板，如图 5-47 所示。

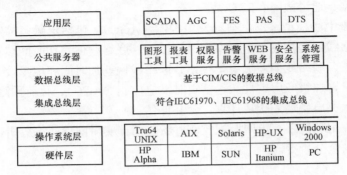

图 5-46　OPEN-3000 系统架构

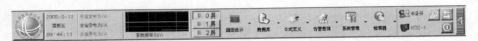

图 5-47　OPEN-3000 系统总控台

（2）登录。单击总控台上"登录"按钮　，屏幕上将弹出对话框，输入用户名称及密码，选择登录有效期，登录系统。

（3）切换用户。单击总控台上"切换用户"按钮　，屏幕上将弹出切换用户对话框。输入用户名称及密码，选择登录有效期，可切换用户名登录系统。切换用户后，原用户名自动退出系统。

（4）注销。单击总控台上"注销"按钮　，屏幕上将弹出注销对话框，单击"Yes"按钮，注销当前用户。

（5）修改用户密码。单击总控台上"修改密码"按钮　，屏幕上将弹出密码修改对话框。

（6）选择责任区。每个服务器节点或工作站节点都可以在系统总控台上选择本机责任区，对责任区中的厂站负责。在总控台上，单击"选择责任区"按钮。

三、总控台功能及应用

总控台上几乎囊括了所有功能按钮，从左至右依次包括：

（1）图形浏览。包括图形浏览（gexplorer）、图形编辑（gdesigner）、图元编辑（gicon）、色彩配置（color_set）。

（2）数据库。包括数据库（dbi）、CIM 建模（modeling）、统计区域（area_manager）。

（3）公式定义。包括公式定义（Formula_define）、稳定监控公式（onlineformula）；

（4）告警查询。包括告警查询（warn_query）、告警定义（warn_define）、告警窗（warn）、采样定义（sample_define）、采样查询（query_sample）。

（5）系统管理。包括系统管理（sys_adm）、权限管理（priv_manager）、商用库总控台（manager_studio）。

（6）检索器。包括检索器（search）、报表（query_report）。

1. 图形浏览

画面显示即图形浏览器，是系统使用最频繁的工具，对整个系统的界面浏览显示并进行操作。其主要功能有：

（1）反映实时数据及设备状态。在画面上，遥测量、遥信量每 5s 刷新一次。对于遥信变位、事故变位则立即实时反映，同时根据系统颜色配置表中的颜色来区别各个遥测量或设备的不同状态。

（2）反映历史数据。在图形浏览器中可以调出历史任一时段的历史数据。

（3）事故追忆。可以调出任一事故的事故断面，并进行事故反演。

（4）应用切换。图形浏览器工具不仅是服务于 SCADA 应用，对于 PAS、DTS、AGC 等其他应用也同时适用。即使该工作站没有装设该应用的数据库，画面也可以切换不同的应用，来观察不同应用的数据。

（5）显示网络着色。网络拓扑分析根据该图中断路器、隔离开关的状态来分析系统被分成几个不联通的部分，每个部分（岛）用不同的底色来显示。而对于主电气岛，可以用非正常的设备和状态进行色彩配置。对于主电气岛的正常设备，根据不同的电压等级着不同的颜色。网络拓扑功能对接线图的要求比较高，往往用户画图时的误连接就可造成网络拓扑功能不能正常推理，所以用户也可以用网络拓扑功能来检验结线图的正确性。

（6）人工操作。调控员进行的任何操作都可在图形上完成。这些操作包括遥测封锁、遥测解封锁、遥测置数、遥信封锁、遥信解封锁、遥信对位、遥控、遥调、设置标志牌等。

（7）启动与退出操作。

2. 界面总览

（1）菜单栏。菜单栏中有文件操作和图形管理两类工具。菜单栏中的功能几乎都包括在工具栏中。

（2）工具栏。工具栏从左至右依次包含的工具有打开图形、打印、前一幅图形、后一幅图形、下装图元、退出、新建编辑图形、新建显示图形、导航图、主画面、放大、缩小、全图、改变平面、显示有功、显示无功、显示电流、显示跑动箭头、态（缺省即为实时态）、应用名（缺省即为 SCADA 应用）、选择、区域选择。

（3）图形的第一层屏蔽。在系统中每一个元件都属于一个或者几个应用，每个应用可能属于一个或者几个不同的态。这些都可以在作图时，在图形属性编辑器里设置，或者在数据库中查看、修改。如果一个图元不属于这个应用，则在这个应用下图形编辑器中是不可见的。

（4）图形的第二层屏蔽。对于动态图元（已经联库），只有在数据库定义中属于某个应用，而不是只在图形编辑器中编辑图元时定义所属应用。当在图形浏览器中切换到这个应用时才是可见的，否则是不可见的。例如：一个变压器图元，在编辑时属性编辑框中所选应用为 SCADA/AGC/PAS，数据库中定义这个变压器所属应用为 SCADA，在图形浏览器下，如果当前应用为 SCADA，那么这个变压器是可见的；如果当前应用为 AGC，那么这个变压器是不可见的。

（5）图形的第三层屏蔽。就是应用切换功能，如果选择自动切换应用，则在不同的应用下显示相应应用的信息。如果选择固定显示某一应用，则无论切换到哪个应用下，所显示的信息都是联库时那个应用下的信息。

3. 图形文件管理器

图形文件管理器是对图形文件进行统一管理的工具。图形文件管理器提供一个简单直观的界面供用户对文件进行管理，所管理的文件包括图形网络文件、图形本地文件、图元文件、未用图元文件、间隔图形文件五大类，其中每一类又包括很多不同的文件类型。文件管理器给用户提供查找、删除、编辑、浏览以及改文件名等功能。

4. 工具栏

工具栏从左至右依次为用户登录、刷新、删除、更名、编辑、显示、取消、关闭。

5. 曲线工具

曲线工具是显示电力系统数据变化的便利工具，使调控人员能够了解电力系统的实时数据和历史记录，并可预览预报数据。曲线工具提供便捷的手动修改功能，直接与数据库连接，使数据显示与修改更具可视化。

6. 检索

检索器是数据库信息检索工具，可以搜索定位到实时数据库表列中的某条记录或者某个域。检索作为系统的公共工具，主要与图形界面和实时库界面以及一些公共服务结合使用。

四、实时数据库

OPEN-3000 数据库系统采用的是商用数据库和实时数据库相结合方式，既具有商用数据库的通用性、稳定性，也符合电网监控的实时性。采用商用数据库，使得电网监控系统与其他系统实现互联更为方便，形成了一个完整的、开放的数据共享的信息系统。基于 Unix 共享内存技术和 TCP / IP 网络协议，分布式实时数据库系统弥补了商用数据库操作速度慢、不能满足 EMS 的实时性和响应速度等缺陷。

在实时数据库界面可以进行厂站快速查询、电压快速查询、快速表选择等操作。

五、OPEN-3000 系统功能操作

OPEN-3000 系统功能操作包括文件操作、编辑操作、记录操作、数据库操作和域类等操作。

六、OPEN-3000 公式服务

公式服务分为系统公式和稳定监控公式两种类型，由不同的界面进行操作。系统公式在公式定义界面上定义，以数据库中的域作为操作数，进行算术运算或逻辑运算，并支持赋值语句、循环语句、条件语句等语句。公式定义界面同时显示计算结果。用户根据自己的需求灵活定义系统公式并浏览显示。稳定监控公式是提供给调控人员在线断面潮流的工具。它包括实际值公式、条件公式、限值公式三类。在满足条件公式的情况下，系统自动计算实际值公式和限值公式，然后将实际值公式和限值公式的结果，以及它们的差值存入稳定监控定义表中，并将差值与差值门槛比较，如果超过差值门槛则进行告警。相应的告警方式在告警定义中定义。

七、告警服务

告警服务是定义告警动作、告警行为、告警方式以及告警类型的一个界面工具。一般情况下，告警类型是定义好的，不能随意修改，但是调控人员可以选择告警方式。

告警服务进程是常驻内存的一个后台程序，当它接收到各个应用程序发送的告警报文之后，就根据接收到的告警类型得到相应的告警行为，然后在告警行为定义中寻找这个行为包含的告警动作，最后发消息给每台机器上的告警客户端。告警客户端收到消息后完成相应的告警动作（上告警窗、语音、推画面等）。

八、CASE 管理

CASE 管理器是保存、查询、删除、取出 CASE 的工具界面，提供对模型、图形、数据断面三种 CASE 的管理。模型 CASE 对应电网模型，图形 CASE 保存所有 GExplorer 可以浏览的系统图形（包括系统界面以及厂站接线图），数据断面 CASE 保存运行方式数据。

CASE 的保存与取出是事故反演、全景 PDR、潮流计算等功能的数据基础，是符合电力调度软件要求的重要功能。

九、报表服务

报表服务是创建、修改、浏览报表的一组界面工具，分为报表服务端和报表客户端。报表服务端是在 Office 中的 Excel 之上进行二次开发而成的，在 Windows 环境下运行，使用户在一个完全熟悉的环境（Excel）下制作报表、修改报表、浏览报表。报表客户端是用 Qt 开发的界面工具，可以工作在 Windows 及各种 Unix 平台上，通过与浏览器的配合查询并显示在线编辑格式的报表，在 Windows 平台上还

可以与 Excel 配合显示 xls 格式的报表。

报表服务只能在安装报表服务的服务器上进行创建、修改报表工作，在客户机上只能浏览报表。

（一）报表管理

单击"报表管理"菜单项，弹出如图 5-48 所示界面。

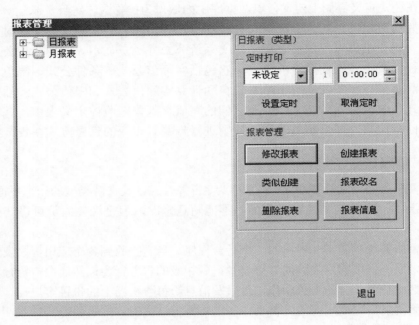

图 5-48　报表管理对话框

（1）定时打印。用户先在左边的报表列表中选择一个报表，然后选择定时类型（每月/每日），最后选择打印时刻（某时某分某秒）。设置好之后，按下"设置定时"按钮，弹出一个对话框，按下"确定"按钮，就对一个报表设置了定时打印功能。

（2）修改报表。选中某一张报表，按下"修改报表"按钮，就会弹出修改报表界面（para.xls），可以对报表增加行、列以及修改单元格中所连数据库中数据（参数定义/参数修改）。

（3）创建报表。按下"创建报表"按钮，弹出如图 5-49 所示的对话框。要求输入报表名称，并选择报表类型，如有必要还可以输入报表子类型。报表名称必须全局唯一；报表类型只能从下拉列表中选择，而且必须选择一个类型；报表子类型可以输入，也可以选择已存在的，或者为空。输入完整后按下"确定"按钮，就新建

了一个空的报表,然后就可以对这个报表进行
编辑了。

（4）类似创建。类似创建就是创建一个与
已有报表相似的报表。具体方法如下：选中一
个报表，按下"类似创建"按钮，弹出一个对
话框，选择"是"之后（选择"是"就表示重
新从数据库读取报表数据，对报表所作修改还
没有保存的就会丢失；选择"否"，表示不重

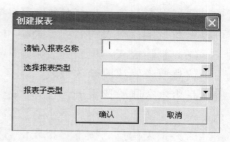

图 5-49　创建报表对话框

新读取数据，就用内存中所存报表数据，系统推荐选择"是"），输入报表名称（此
时不需要输入或者选择报表类型，这是因为新创建的报表与所选报表的类型相同）。
然后弹出一个类似创建的对话框，如图 5-50 所示。图的右边是源报表的已有定义，
图的左边是检索器。选中源报表的一条定义，在检索器中选择域，然后按下"替换
定义"按钮，就将源报表定义替换掉了。完成这些操作之后，按下"类似创建"按
钮开始创建工作。如果不作任何替换操作，就会弹出一个提示信息："您所作的工作
将创建一个与源报表完全相同的副本，确认该类似创建过程"，选择"是"之后，开
始类似创建。如果创建成功，会提示"类似创建***（表示报表名称）报表成功"信
息，按下"确定"按钮之后，就会提示"上传保存***报表成功"信息。创建的新报
表就被保存到数据库中。

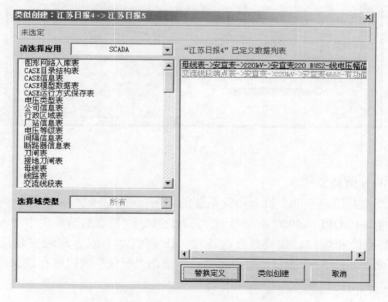

图 5-50　类似创建对话框

（5）报表改名。选中一个报表，按下"报表改名"按钮，弹出报表改名对话框，可以重新设定该报表的名称、类型和子类型。修改成功会弹出提示信息。

（6）删除报表。报表列表中选中一个报表，然后按下"删除报表"按钮，弹出一个信息要求确认删除该报表，选择"是"之后，然后又弹出一条信息，要求再次确认是否永久删除该报表，选择"是"之后，该报表就被删除。之所以需要两次确认，是为了防止出现用户不小心按错了按钮导致报表无法恢复的后果。

（7）报表信息。按下"报表信息"按钮，弹出数据库中所有的报表信息。

（二）参数定义

选择"参数定义"菜单项，弹出参数定义对话框，如图 5-51 所示。在图中进行相关内容设置，并生成相应报表，可进行查阅或打印。

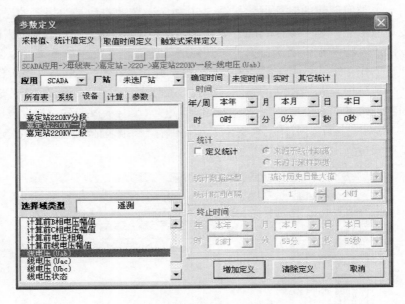

图 5-51　参数定义对话框

十、Web 浏览

Web 浏览是用户在 PC 机上浏览系统的方法。通过局域网，使用 PC 机上的 IE 浏览器就能访问 OPEN-3000 系统界面。直接在 IE 浏览器的地址栏中键入 WEB 服务器的 IP 地址和端口。如果是首次连接，IE 将自动下载客户端安装程序。进入 Web 主画面，如图 5-52 所示，用户此时可以单击"登录"按钮进行登录，系统会弹出登录框，提示用户输入用户名和密码。

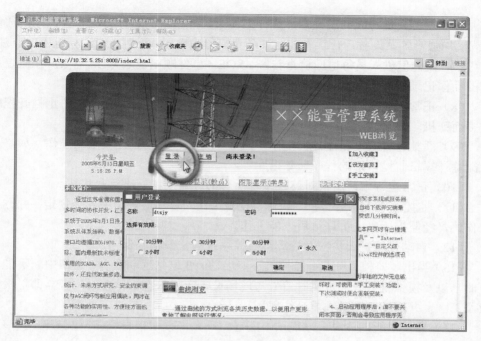

图 5-52   登录界面

登录成功之后，可单击页面的相关链接，Web 会启动相应的程序供用户浏览相关的内容。

5.2.2   OPEN-3000 系统监控员使用与操作

启动系统、启动系统总控台、用户登录、注销、图形浏览、遥控操作、告警窗、告警查询、实时信息告警等基本操作按照 OPEN-3000 系统总控台操作原则进行。

使用 OPEN-3000 监控机的一般要求如下：

（1）监控机的功能分配为无操作时 hdjk1-1、hdjk2-1 号机用于监盘，有操作时 hdjk1-1、hdjl2-1 号机用于倒闸操作，hdjk01 号报表机和大屏幕彩显用于监盘。

（2）正常运行时，监盘人员要及时确认告警信号，以区别新老信号，并做好记录。

（3）对有监控画面和实际设备状态信号不一致的设备严禁操作，并立即汇报调度，及时通知运维站。

（4）监控员个人登录密码应严格保密，严禁使用他人的用户名和密码进行登录。交接班完毕后，交班人员应及时注销各自用户名，接班人员及时使用自己的用户名进行登录。

（5）任何情况下都不得将监控系统网络和外部公共网络相连。

（6）监控人员每天的巡检中，应仔细检查监控系统的运行工况和监控系统通信状况，加强对各站设备运行状态的监视及直流母线电压、所用系统三相电压的监视。

（7）监控值班人员每值应检查告警、SOE（事件顺序记录）、继电保护在监控系统的动作记录。

（8）正常运行时，打开的应用程序若不进行浏览，应及时关闭，防止打开程序过多而死机。

（9）严禁运行人员在监控机上做与监控无关的、超出自己权限的操作，如修改或删除计算机监控系统的程序、数据库等。

（10）正常运行中，严禁对监控系统后台的键盘及鼠标进行热插拔。

（11）监控系统的各种维护、检修、校验工作，必须遵守相关安全规定，并办理工作票，经监控值班人员许可后方能工作。

（12）自动化维护人员应对计算机监控系统的修改密码保密。

（13）当出现监控机死机、监控机不能启动、变电站远动退出、通信中断不能恢复时，以及模拟量或开关量实时信号与现场设备实际状态不符合时，应立即汇报调度及工区，并通知运维队人员赶往现场。

（14）监控系统的计算机只能读不能写，不允许使用报表机光驱及 USB 接口，以防止监控系统感染病毒。

（15）计算机监控系统出现异常、故障时，或计算机监控系统维护、消缺、检修后，均应做好详细记录。

（16）随时保持监控室卫生清洁，对监控设备的清洁应使用专用清洁工具。

5.2.3　OPEN-3000 系统 DTS 使用与操作

调度员培训模拟系统（Dispatcher Training Simulator，简称 DTS）是一套数字仿真系统，它运用计算机技术，通过建立实际电力系统的数学模型，再现各种调度操作和故障后的系统工况，并将这些信息送到电力系统控制中心的模型内，为调度员提供一个逼真的培训环境，以达到既不影响实际电力系统的运行，而又使调度员得到身临其境的实战演练的目的。其主要用途为在电网正常、事故、恢复控制下对系统调度员进行培训，训练他们的正常调度能力和事故时的快速决策能力，提高调度员的运行水平和分析处理故障的技能；也可以用于各种运行方式的分析，协助运行方式人员制定安全的系统运行方式。

一、DTS 系统特点

DTS 能逼真地再现本电力系统的物理变化过程，能使学员在培训室所面对的环境与实际调度值班的环境基本相似，只是在实际控制中心，调度员面对的是实际电网，电网状态的变化是实测的、真实的；而在培训室，学员面对的是仿真电网，电网状态的变化是通过模拟操作、电网相关计算及继电保护逻辑判别仿真而来的。

二、DTS 系统组成

DTS 由三个子系统组成，即 SCADA/EMS 仿真系统、电网仿真子系统、教员控制子系统，如图 5-53 所示。

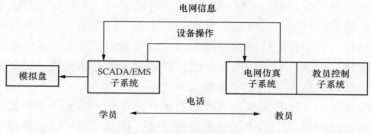

图 5-53　DTS 系统组成

学员在受训时，所面对的 SCADA/EMS 子系统的功能与实际系统一样，他可以通过 SCADA/EMS 系统监视仿真电网，即可以通过遥控遥调控制电网（需要在数据库中设置遥控遥调设备），也可以通过电话给下级厂站值班员发布调度命令，还可以通过电话向下级厂站值班员询问电网的情况，培训时的下级厂站值班员是由教员充当的。

三、DTS 系统用途

DTS 系统的用途有电网事故的仿真及反事故演习，培训值班调度员，进行事故反演，积累处理对策，运行方式研究，继电保护检验，同时它也是 SCADA 新功能和 PAS 的测试平台、AGC 和电力市场的实验平台。

DTS 的结构示意图如图 5-54 所示。

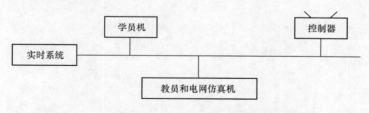

图 5-54　DTS 结构示意图

5.2.4　OPEN-3000 系统 PAS 使用

在 EMS 中需要过去（历史）、现在（实时）和未来（计划）三类数据，而负荷预报是未来数据的主要来源。负荷预报对电力系统控制、运行和计划都是非常重要的，不断提高负荷预报的精度既能增强电力系统运行的安全性，又能改善电力系统运行的经济性。网络分析软件考虑的是负荷的电压及频率特性，而负荷预报则考虑负荷的时空特性。

电网运行的安全性是电力系统运行时必须考虑的首要目标。从电力系统运行调度的角度看，当系统正常运行时，应该预先知道系统是否存在隐患，以便及早采取相应的措施防患于未然，电力系统静态安全分析软件正是为这一目的而设计的。

电网运行的经济性是电力系统运行时应该考虑的另一个目标。对于省调等较大一级的电网，考虑的目标主要有发电费用最小、有功网损最小和系统有功调节量最小等，这些目标可以通过最优潮流得以实现。对于地调等较低一级的电网，考虑的目标主要是尽量减少系统因无功的不足或过剩而导致的有功损耗，提高全网的电压水平，这可以通过电压无功优化来实现。

故障计算软件的作用是根据电力网络的运行方式和网络元件的参数计算电力网络在系统发生故障的情况下系统故障电流的分布。计算结果可以被继电保护人员用来整定保护定值，还可以作为运行方式和决策人员对电网进行分析研究的工具，在与调度员培训仿真联合时可以对调度员进行培训，提高调度员的运行水平。

OPEN-3000 系统 PAS 界面如图 5-55 所示。

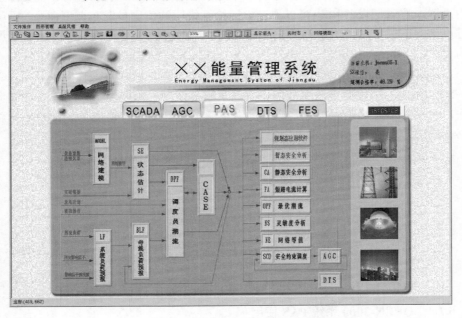

图 5-55　OPEN-3000 系统 PAS 界面

在系统中可以进行网络建模、状态估计、调度员潮流计算分析、负荷预报、静态安全分析、故障分析计算、最优潮流计算、安全约束调度、灵敏度分析等。

5.2.5　OPEN-3000 系统 SCADA 使用

实时监控子系统（SCADA）是架构在 OPEN-3000 统一支撑平台上的最基本应

用，可接收前置子系统（FES）送来的实时数据，实现实时数据监控与处理，是 EMS 其他应用的数据基础。其主要功能包括数据处理、数据计算与统计考核、控制和调节、事件和告警处理、拓扑着色、事故追忆（PDR）及反演、人工操作等。

OPEN-3000 的 SCADA 子系统采用调度/集控一体化设计，可以提供集控系统所需的信息分层、责任分区、间隔处理、操作防误与闭锁、保护与故障信息处理等功能，有效地减少了投资及维护工作量。

5.3　D-5000 调控一体化系统应用

D-5000 调控一体化系统是在 OPEN-3000 和 CC-2000 调控一体化系统的基础上，研发的新一代调控一体化系统，它不仅整合了 OPEN-3000 和 CC-2000 系统各自的优势功能，还开发了新的应用模块功能。D-5000 调控一体化系统更适合"大运行"体系建设的集中监控要求，调度、监控更方便，功能更齐全。

一、系统技术特点

（1）D-5000 调控一体化系统实现了告警直传、远程浏览、数据优化、认证安全功能。

（2）告警直传是将合并后的信息直接从变电站传往调控中心监控后台机。

（3）远程浏览是指调控中心监控人员可以通过远程浏览工具等技术手段，直接在调控中心远程调阅变电站的实时监控信息及数据。

（4）数据优化是指将厂站的信息进行分类合并，避免大量信息同时上送，堵塞信息通道，确保调控中心所监控变电站的各类信息都在监控员的掌握之中。

（5）调控实时数据优化依照厂站信息点表进行信息优化合并，合并后信息由厂站端远动通信（RTU）传至 D-5000 系统。

调控实时数据优化（信息合并）举例见表 5-1。

表 5-1　　　　　　　　　　**调控实时数据优化（信息合并）举例**

330kV ××变电站遥信	
合并后信息	合并前信息
3312 开关一次设备异常	3312 开关 SF$_6$ 低气压报警
	3312 开关电机过热保护信号
	3312 开关空气低气压报警
	3312 开关非全相报警
	3312 开关交流电机电源跳闸报警
	3312 开关直流电源跳闸报警
	3312 开关加热器电源跳闸报警

二、功能应用

（一）监控实施手段

D-5000 调控一体化系统中，调控中心通过接收优化后的调控实时数据和设备直传告警信息，使用远程浏览等工具，实现对变电站设备的远程监控。

（二）调控实时数据

D-5000 调控一体化系统功能应用的主要数据来源分为电网运行数据、电网故障信号、设备监控数据三大类。所有信息由厂站端远动通信工作站完成直采直送，直接关联调控主站系统电网结构设备模型、实时数据库和图形画面等。

告警条文的标准化处理由变电站监控系统完成，经由图形网关机（或远动工作站）直接以文本格式传送到调控主站及设备运维站，并分类显示在相应的告警窗口，并存入告警记录文件。

设备运行状态信号按间隔反映一、二次设备及回路异常告警，以及站内交、直流电源异常告警。该信号用于主站设备监控模块生成变电站设备运行状态图，以"正常"和"告警"指示设备工况，为监控值班员总体浏览与交接班检查提供辅助手段。具体信号如下：

（1）一次设备故障，是指一次设备发生无法进行分合闸操作的故障，影响电网故障切除或方式调整。

（2）一次设备告警，是指一次设备运行性能或参数发生改变，无法保障一次设备长期连续运行，但尚不影响电网当前运行方式下单次故障切除或方式调整。

（3）二次设备或回路故障，直接影响相关一次设备的正确动作。

（4）二次设备或回路异常告警，影响二次设备长期稳定运行，但尚不直接影响相关一次设备故障切除。一、二次设备及回路故障或告警信号，按电气间隔分类归并各相关信号，以光字牌指示该间隔一、二次设备整体工作是否存在故障或告警。信号归并应结合设备监控业务需求与变电站监控系统技术条件，选择在变电站端或主站端实现。变电站端可采用"逻辑或"计算方式合并已采集的同类信号，列入遥信表上传至主站。主站端可采用已收到的标准化格式告警文本信息，依据级别与设备间隔等字段分类归并相关信号，形成光字牌。

（5）站内交、直流电源告警，指站内直、交流电源系统设备或输入、输出回路出现异常。告警信号产生与展示方式参见一、二次设备告警信号。

（6）输变电设备状态监测数据，应根据监控业务需求，采用因地制宜的方式接入调控大厅。变电站监控系统与输变电设备监测单元相互独立，则通过终端方式将输变电设备状态监测主站的监视数据接入调控大厅。变电站监控系统通过标准接口接入输变电设备监测单元，则重要设备监测数据经优化后可列入量测表上传至主站，其他数据通过远程浏览方式调阅，设备监测告警或数据越限信号通过告警直传方式上送至主站。

（三）远程浏览

D-5000 调控一体化系统中监控员可通过图形网关方式直接浏览变电站内完整的图形和实时数据。

（四）安全认证

安全认证指下达调控指令时，系统应进行可靠安全认证。

（1）控制命令安全认证。在控制类命令的传输过程加强和增加安全认证机制。安全认证涉及控制命令的全过程，包括人机、SCADA 应用、采集模块以及变电站等环节。主站与变电站之间通信，采用纵向加密传输的安全防护方式。

（2）远程浏览安全认证。主站与变电站通过纵向加密认证装置进行图形文件传输及实时数据刷新。主站请求浏览变电站画面，先建立 TCP/IP 链接，通过 DL 475 规约协议过程完成安全认证。基于远程浏览方式的控制命令通过控制报文实现安全认证。

三、调控实时数据表举例

（1）典型 500kV 变电站调控实时数据见表 5-2～表 5-4。

表 5-2

遥 测 数 据 表

内容	遥测数据名称	电网运行	分析计算	设备监控	备　注
第一串××线路及 5011 边开关	××线有功	√	√		
	××线无功	√	√		
	××线电流	√	√	√	取单相，设置越限点
	××线 A 相电压			√	
	××线 B 相电压			√	
	××线 C 相电压			√	
	××线 AB 线电压	√	√	√	设置越限点
	××线 5011 开关电流	√	√	√	取单相
第一串中开关	5012 开关电流	√	√		取单相
第一串××线路及 5013 边开关	××线有功	√	√		
	××线无功	√	√		
	××线电流	√	√		取单相，设置越限点
	××线 A 相电压			√	
	××线 B 相电压			√	

内容	遥测数据名称	电网运行	分析计算	设备监控	备　注
第一串××线路及5013边开关	××线 C 相电压			√	
	××线 AB 线电压	√	√		设置越限点
	××线 5013 开关电流	√	√		取单相，设置越限点
其他串	类推，主变压器间隔另外				一条线路加边开关 8 个遥测量。一个完整串 17 个遥测量
1号主变压器	1 号主变压器 500kV 侧有功	√	√		
	1 号主变压器 500kV 侧无功	√	√		
	1 号主变压器 500kV 侧电流	√	√		取单相
	1 号主变压器 500kV 侧 A 相电压			√	
	1 号主变压器 500kV 侧 B 相电压			√	
	1 号主变压器 500kV 侧 C 相电压			√	
	1 号主变压器 500kV 侧 AB 线电压	√	√		
	1 号主变压器 500kV 侧（边）开关电流	√	√		（边）描述调度编号
	1 号主变压器 220kV 侧有功	√	√		
	1 号主变压器 220kV 侧无功	√	√		
	1 号主变压器 220kV 侧电流	√	√		取单相
	1 号主变压器 35kV 侧有功	√	√		
	1 号主变压器 35kV 侧无功	√	√		
	1 号主变压器 35kV 侧电流	√	√		取单相
	1 号主变压器分接头挡位	√	√		单相或分相采集
	1 号主变压器油温			√	单相或分相采集
其他主变压器	类推				一台主变压器 15 个遥测量
高压电抗器	1 号 500kV 高压电抗器无功	√	√		
	1 号 500kV 高压电抗器电流	√	√		取单相
	1 号 500kV 高压电抗器温度			√	
其他高压电抗器	类推				一台高压电抗器 3 个遥测量
500kV 母线	500kV Ⅰ母 A 相电压	√			
	500kV Ⅰ母频率	√			

内容	遥测数据名称	电网运行	分析计算	设备监控	备 注
500kV 母线	500kV Ⅱ母 A 相电压	√			
	500kV Ⅱ母频率	√			
220kV 线路	××线有功	√	√		
	××线无功	√	√		
	××线电流	√	√		取单相, 设置越限点
	××线线路电压			√	
其他 220kV 线路	类推				一条 220kV 线路 4 个遥测量
220kV 母联、分段	220kV×母联有功	√	√		
	220kV×母联无功	√	√		
	220kV×母联 A 相电流	√	√	√	
	220kV×母联 B 相电流			√	
	220kV×母联 C 相电流			√	
其他母联、分段	类推				一个 220kV 母联或分段 5 个遥测量
220kV 母线	220kV××母线 A 相电压			√	
	220kV××母线 B 相电压			√	
	220kV××母线 C 相电压			√	
	220kV××母线 AB 线电压	√	√		
	220kV××母线频率	√			
其他 220kV 母线	类推				一个 220kV 母线 5 个遥测量
35kV 母线	35kV Ⅰ段母线 A 相电压			√	
	35kV Ⅰ段母线 B 相电压			√	
	35kV Ⅰ段母线 C 相电压			√	
	35kV Ⅰ段母线 AB 线电压	√	√		
其他母线	类推				一个 35kV 母线 4 个遥测量
低压电抗器	××低压电抗器无功	√		√	
	××低压电抗器电流	√		√	
	××低压电抗器油温			√	

内容	遥测数据名称	电网运行	分析计算	设备监控	备 注
其他低压电抗器	类推				一个低压电抗器 3 个遥测量
低压电容器	××电容器无功				
	××电容器电流				
其他电容器	类推				一个电容器 2 个遥测量
站用电源设备	所用电 I 段 A 相电压			✓	低压侧或线电压
	所用电 I 段 B 相电压			✓	低压侧
	所用电 I 段 C 相电压			✓	低压侧
	所用电 II 段 A 相电压			✓	低压侧
	所用电 II 段 B 相电压			✓	低压侧
	所用电 II 段 C 相电压			✓	低压侧
	直流电源 I 段电压			✓	控制母线电压
	直流电源 II 段电压			✓	控制母线电压
重要设备在线监测数据	输变电设备在线监测数据1			✓	根据监控业务需求选择
	输变电设备在线监测数据2			✓	
	…			✓	

表 5-3 　　　　　　　　遥 信 信 息 表

内容	遥信信息名称	电网运行	电网故障	设备监控	备 注
全站	全站事故总信号		✓		合并信号
第一串××线路及 5011 边开关	××线 5011 开关间隔事故信号		✓		
	××线 5011 开关	✓			
	××线 50111 刀闸	✓			
	××线 50112 刀闸	✓			
	××线 501117 接地刀闸	✓			
	××线 501127 接地刀闸	✓			
	××线 501157 接地刀闸	✓			
	××线 50115 刀闸	✓			视现场实际
	××线 5011517 接地刀闸	✓			视现场实际

内容	遥信信息名称	电网运行	电网故障	设备监控	备　注
第一串××线路及5011边开关	××线第一套线路保护跳闸		✓		
	××线第二套线路保护跳闸		✓		
	××线5011开关机构三相不一致动作		✓		
	××线5011开关失灵保护动作		✓		
	××线5011开关重合闸动作		✓		
	××线间隔一次设备故障			✓	
	××线间隔一次设备异常			✓	合并信号，视具体实现方式
	××线间隔二次设备或回路故障			✓	
	××线间隔二次设备或回路异常			✓	
第一串5012中开关	××线/××线5012开关间隔事故信号		✓		
	××线/××线5012开关	✓			
	××线/××线50121刀闸	✓			
	××线/××线50122刀闸	✓			
	××线/××线501217接地刀闸	✓			
	××线/××线501227接地刀闸	✓			
	××线/××线5012开关机构三相不一致动作		✓		
	××线/××线5012开关失灵保护动作		✓		
	××线/××线5012开关重合闸动作		✓		
	××线/×线5012开关设备故障			✓	
	××线/×线5012开关设备异常			✓	合并信号，视具体实现方式。选择主站端告警文本归并，则无此信号
	××线/×线5012开关二次设备或回路故障			✓	
	××线/×线5012开关二次设备或回路异常			✓	
第一串××线路及5013边开关	××线5013开关间隔事故信号		✓		
	××线5013开关	✓			
	××线50131刀闸	✓			

内容	遥信信息名称	电网运行	电网故障	设备监控	备 注
第一串××线路及5013边开关	××线50132刀闸	✓			
	××线501317接地刀闸	✓			
	××线501327接地刀闸	✓			
	××线501357接地刀闸	✓			
	××线50135刀闸	✓			视现场实际
	××线5013517接地刀闸	✓			视现场实际
	××线第一套线路保护跳闸		✓		
	××线第二套线路保护跳闸		✓		
	××线5013开关机构三相不一致动作		✓		
	××线5013开关失灵保护动作		✓		
	××线5013开关重合闸动作		✓		
	××线间隔一次设备故障			✓	合并信号,视具体实现方式。选择主站端告警文本归并,则无此信号
	××线间隔一次设备异常			✓	
	××线间隔二次设备或回路故障			✓	
	××线间隔二次设备或回路异常			✓	
其他串	类推,主变压器间隔另外				一条线路加边开关13~17个遥信量。一个完整串33~45个遥信量。若配置线路刀闸及地刀,则增1~4个
1号主变压器	1号主变压器第一套电气量保护动作		✓		
	1号主变压器第二套电气量保护动作		✓		
	1号主变压器非电量保护动作		✓		
	1号主变压器本体一次设备异常				合并信号,视具体实现方式。选择主站端告警文本归并,则无此信号
	1号主变压器本体二次设备或回路异常				
	1号主变压器500kV侧(边)开关间隔事故信号		✓		
	1号主变压器500kV侧(边)开关	✓			

内容	遥信信息名称	电网运行	电网故障	设备监控	备　注
1号主变压器	1号主变压器 500kV 侧（边）1刀闸	√			（边）具备调度编号
	1号主变压器 500kV 侧（边）2刀闸	√			
	1号主变压器 500kV 侧（边）17刀闸	√			
	1号主变压器 500kV 侧（边）27刀闸	√			
	1号主变压器 500kV 侧（边）57刀闸	√			
	1号主变压器 500kV 侧（边）开关三相不一致动作		√		
	1号主变压器 500kV 侧（边）开关失灵保护动作		√		
	1号主变压器 500kV 侧一次设备故障			√	合并信号，视具体实现方式。选择主站端告警文本归并，则无此信号
	1号主变压器 500kV 侧一次设备异常			√	
	1号主变压器 500kV 侧二次设备或回路故障			√	
	1号主变压器 500kV 侧二次设备或回路异常			√	
	1号主变压器 220kV 侧开关间隔事故信号		√		
	1号主变压器 220kV 侧开关	√			
	1号主变压器 220kV 侧正母刀闸	√			
	1号主变压器 220kV 侧副母刀闸	√			
	1号主变压器 220kV 侧变压器刀闸	√			
	1号主变压器 220kV 侧开关母线侧接地刀闸	√			
	1号主变压器 220kV 侧开关变压器侧接地刀闸	√			
	1号主变压器 220kV 侧变压器侧接地刀闸	√			
	1号主变压器 220kV 侧开关机构三相不一致动作		√		

内容	遥信信息名称	电网运行	电网故障	设备监控	备 注
1号主变压器	1号主变压器220kV侧开关失灵保护动作		✓		视实际保护配置
	1号主变压器220kV侧一次设备故障			✓	合并信号，视具体实现方式。选择主站端告警文本归并，则无此信号
	1号主变压器220kV侧一次设备异常			✓	
	1号主变压器220kV侧二次设备或回路故障			✓	
	1号主变压器220kV侧二次设备或回路异常			✓	
	1号主变压器35kV侧开关间隔事故信号		✓		
	1号主变压器35kV侧开关	✓			
	1号主变压器35kV侧变压器刀闸	✓			
	1号主变压器35kV侧开关母线侧接地刀闸	✓			
	1号主变压器35kV侧开关变压器侧接地刀闸	✓			
	1号主变压器35kV侧变压器接地刀闸	✓			
	1号主变压器35kV侧一次设备故障			✓	
	1号主变压器35kV侧一次设备异常			✓	合并信号，视具体实现方式。选择主站端告警文本归并，则无此信号
	1号主变压器35kV侧二次设备或回路故障			✓	
	1号主变压器35kV侧二次设备或回路异常			✓	
其他主变压器	类推				一台主变压器27～40个遥信量
高压电抗器	1号500kV高压电抗器刀闸	✓			
	1号500kV高压电抗器第一套电气量保护动作		✓		
	1号500kV高压电抗器第二套电气量保护动作		✓		
	1号500kV高压电抗器非电量保护动作		✓		

内容	遥信信息名称	电网运行	电网故障	设备监控	备　注
高压电抗器	1 号 500kV 高压电抗器二次设备或回路异常			√	
其他高压电抗器	类推				一台高压电抗器 5 个遥信量
500kV 母线保护	500kV Ⅰ母第一套母差保护动作		√		
	500kV Ⅰ母第二套母差保护动作		√		
	500kV Ⅰ母线间隔二次设备或回路异常			√	
	500kV Ⅱ母第一套母差保护动作		√		
	500kV Ⅱ母第一套母差保护动作				
	500kV Ⅱ母线间隔二次设备或回路异常			√	
220kV 线路	××线开关间隔事故信号		√		
	××线开关	√			
	××线正母Ⅰ段刀闸	√			
	××线副母Ⅰ段刀闸	√			
220kV 线路	××线线路刀闸	√			
	××线开关母线侧接地刀闸	√			
	××线开关线路侧接地刀闸	√			
	××线线路接地刀闸	√			
	××线第一套线路保护跳闸		√		
	××线第二套线路保护跳闸		√		
	××线开关机构三相不一致动作		√		
	××线开关失灵保护动作		√		视实际保护配置
	××线重合闸动作		√		
	××线间隔一次设备故障			√	合并信号，视具体实现方式。选择主站端告警文本归并，则无此信号
	××线间隔一次设备异常			√	
	××线间隔二次设备或回路故障			√	
	××线间隔二次设备或回路异常			√	
其他 220kV 线路	类推				一条 220kV 线路 12～17 个遥信量
220kV 母联	220kV 1 号母联开关间隔事故信号		√		
	220kV 1 号母联开关	√			

内容	遥信信息名称	电网运行	电网故障	设备监控	备注
220kV 母联	220kV 1 号母联正母刀闸	√			
	220kV 1 号母联副母刀闸	√			
	220kV 1 号母联开关正母侧接地刀闸	√			
	220kV 1 号母联开关副母侧接地刀闸	√			
	220kV 1 号母联保护跳闸		√		
	220kV 1 号母联间隔一次设备故障			√	
	220kV 1 号母联间隔一次设备异常			√	合并信号,视具体实现方式。选择主站端告警文本归并,则无此信号
	220kV 1 号母联间隔二次设备或回路故障			√	
	220kV 1 号母联间隔二次设备或回路异常			√	
其他 220kV 母联	类推				一条 220kV 母联 7~11 个遥信量
220kV 正母分段	220kV 正母分段开关间隔事故信号		√		
	220kV 正母分段开关	√			
	220kV 正母分段 I 母刀闸	√			
	220kV 正母分段 II 母刀闸	√			
	220kV 正母分段开关 I 母侧接地刀闸	√			
	220kV 正母分段开关 II 母侧接地刀闸	√			
	220kV 正母分段保护跳闸		√		
	220kV 正母分段间隔一次设备故障			√	
	220kV 正母分段间隔一次设备异常			√	合并信号,视具体实现方式。选择主站端告警文本归并,则无此信号
	220kV 正母分段间隔二次设备或回路故障			√	
	220kV 正母分段间隔二次设备或回路异常			√	
其他 220kV 母线分段	类推				一条 220kV 母线分段 7~11 个遥信量

内容	遥信信息名称	电网运行	电网故障	设备监控	备　注
220kV母线保护	220kV 母线Ⅰ段第一套母差保护动作		√		
	220kV 母线Ⅰ段第二套母差保护动作		√		
	220kV 第一套母差保护失灵动作		√		
	220kV 母线Ⅰ段间隔二次设备或回路异常			√	
	220kV 母线Ⅱ段信号同Ⅰ段				参照 220kV 母线Ⅰ段
低压电抗器	1号主变压器1号低压电抗器间隔事故信号		√		
	1号主变压器1号低压电抗器保护动作		√		
	1号主变压器1号低压电抗器×× 开关	√			××为开关调度编号
	1 号主变压器 1 号低压电抗器××1 刀闸	√			××为开关调度编号
	1 号主变压器 1 号低压电抗器××17 接地刀闸	√			××为开关调度编号
	1号主变压器1号低压电抗器间隔一次设备故障			√	
	1号主变压器1号低压电抗器间隔一次设备异常			√	合并信号,视具体实现方式。选择主站端告警文本归并,则无此信号
	1号主变压器1号低压电抗器间隔二次设备或回路故障			√	
	1号主变压器1号低压电抗器间隔二次设备或回路异常			√	
其他低压电抗器	类推				一个低压电抗器 5~9 个遥信量
电容器	1号主变压器1号电容器间隔事故信号		√		
	1号主变压器1号电容器保护动作		√		
	1号主变压器1号电容器××开关	√			××为开关调度编号
	1号主变压器1号电容器××1 刀闸	√			××为开关调度编号
	1 号主变压器 1 号电容器××17 接地刀闸	√			××为开关调度编号

内容	遥信信息名称	电网运行	电网故障	设备监控	备 注
电容器	1号主变压器1号电容器××27接地刀闸	✓			××为开关调度编号
	1号主变压器1号电容器间隔一次设备故障			✓	合并信号,视具体实现方式。选择主站端告警文本归并,则无此信号
	1号主变压器1号电容器间隔一次设备异常			✓	
	1号主变压器1号电容器间隔二次设备或回路故障			✓	
	1号主变压器1号电容器间隔二次设备或回路异常			✓	
其他电容器	类推				一个电容器5～10个遥信量
站用电源设备	站用交流电源故障			✓	合并信号,视具体实现方式。选择主站端告警文本归并,则无此信号
	站用交流电源异常			✓	
	站用直流电源故障			✓	
	站用直流电源异常			✓	
	其他			✓	
AVC	AVC控制及闭锁相关的信号			✓	
其他设备	设备状态或告警信号				视现场设备配置,补充监视信息

表 5-4   **遥控(调)对象表**

内容	遥控(调)对象名称	SBO	DO	备 注
第一串500kV线路开关	××线5011开关合/分	✓		
	××线5011开关同期合	✓		
	××线/××线路5012开关合/分	✓		
	××线/××线路5012开关同期合	✓		
	××线5013开关合/分	✓		
	××线5013开关同期合	✓		
其他串	类推,主变压器间隔另外			一个完整串5个遥控对象点
1号主变压器	1号主变压器××开关合/分	✓		××为开关调度编号
	1号主变压器220kV开关合/分	✓		
	1号主变压器35kV开关合/分	✓		

内容	遥控（调）对象名称	SBO	DO	备　注
1 号主变压器	1 号主变压器分接头位置升/降	√		
	1 号主变压器调挡急停		√	
其他主变压器	类推			一台主变压器 5 个遥控对象点
220kV 线路开关	××线开关合/分	√		××为线路名称与调度编号
	××线开关同期合	√		××为线路名称与调度编号
其他 220kV 线路	220kV 线路、母联、母线分段开关可以类推			一条 220kV 线路 2 个遥控对象点
电容器	1 号主变压器 1 号电容器开关合/分	√		
其他电容器	电容器、低压电抗器、所用变压器开关可以类推			一个电容器 1 个遥控对象点
其他	调度允许的设备遥控 1	√		
	调度允许的设备遥控 2	√		
	…			
	调度允许的设备遥控 n	√		

典型 500kV 变电站调控数据信息量估计：

【例 5-1】 中型 500kV 变电站规模：500kV 4 串，4 条 500kV 线路，2 台主变压器，10 回 220kV 线路，2 台 220 kV 母联开关，2 台 220 kV 母线分段，低压电抗器 2 台，低压电容器 2 台等。

遥测：$2×17+2×1+2×15+4+10×4+2×5+2×5+3×3+2×2+8=155$（个）

遥信：$2×35+2×10+2×33+4+10×13+2×8+2×4+4+3×5+2×5+5=350$（个）

一个中型 500kV 变电站，按以上规模估算实时数据信息量，遥测约为 155 个，遥信约为 350 个。

【例 5-2】 大型 500kV 变电站规模：500kV 7 串，7 条 500kV 线路，3 台主变压器，15 回 220kV 线路，2 台 220 kV 母联开关，2 台 220 kV 母线分段，高压电抗器 2 台，低压电抗器 8 台，低压电容器 2 台等。

遥测：$3×17+1×9+3×1+3×17+2×3+4+15×4+2×5+2×5+8×3+2×2+8=244$（个）

遥信：$3×35+1×25+3×10+3×33+2×2+4+15×13+2×8+2×4+4+8×5+2×5+5=552$（个）

一个大型 500kV 变电站，按以上规模估算实时数据信息量，遥测约为 240 个，遥信约为 550 个。

（2）典型 220kV 变电站调控实时数据表见表 5-5～表 5-7。

表 5-5 遥 测 数 据 表

内容	遥测数据名称	电网运行	分析计算	设备监控	备 注
220kV 线路	××线有功	√	√		
	××线无功	√	√		
	××线电流	√	√		取单相
	××线线路电压			√	
其他 220kV 线路	类推				一条 220kV 线路 4 个遥测量
1 号主变压器	1 号主变压器 220kV 侧有功	√	√		
	1 号主变压器 220kV 侧无功	√	√		
	1 号主变压器 220kV 侧电流	√	√		取单相
	1 号主变压器 110kV 侧有功	√	√		
	1 号主变压器 110kV 侧无功	√	√		
	1 号主变压器 110kV 侧电流	√	√		取单相
	1 号主变压器 10kV 侧有功	√	√		
	1 号主变压器 10kV 侧无功	√	√		
	1 号主变压器 10kV 侧电流	√			取单相
	1 号主变压器分接头挡位	√			
	1 号主变压器油温			√	
其他主变压器	类推				一台主变压器 11 个遥测量
220kV 母联、分段	220kV×母联有功	√	√		
	220kV×母联无功	√	√		
	220kV×母联 A 相电流			√	取单相
	220kV×母联 B 相电流			√	
	220kV×母联 C 相电流			√	
其他母联、分段	类推				一个 220kV 母联或分段 5 个遥测量
220kV 母线	220kV 正母 I 段母线 A 相电压			√	

内容	遥测数据名称	电网运行	分析计算	设备监控	备 注
220kV 母线	220kV 正母Ⅰ段母线 B 相电压			√	
	220kV 正母Ⅰ段母线 C 相电压			√	
	220kV 正母Ⅰ段母线 AB 线电压	√	√		
	220kV 正母Ⅰ段母线频率	√	√		
其他 220kV 母线	类推				一个 220kV 母线 5 个遥测量
110kV 线路	××线有功	√	√		
	××线无功	√	√		
	××线电流	√	√		取单相
	××线线路电压			√	
其他 110kV 线路	类推				一条 110kV 线路 4 个遥测量
110kV 母联、分段	110kV×母联有功	√	√		
	110kV×母联无功	√	√		
	110kV×母联 A 相电流			√	
	110kV×母联 B 相电流			√	
	110kV×母联 C 相电流			√	
其他母联、分段	类推				一个 110kV 母联或分段 5 个遥测量
110kV 母线	110kV 正母Ⅰ段母线 A 相电压			√	
	110kV 正母Ⅰ段母线 B 相电压			√	
	110kV 正母Ⅰ段母线 C 相电压			√	
	110kV 正母Ⅰ段母线 AB 线电压	√	√		
	110kV 正母Ⅰ段母线频率	√	√		
其他 110kV 母线	类推				一个 110kV 母线 5 个遥测量
10kV 线路	××线有功	√	√		
	××线无功	√	√		
	××线电流	√	√		取单相
其他 10kV 线路	类推				一个 35kV 线路 3 个遥测量

内容	遥测数据名称	电网运行	分析计算	设备监控	备　注
电容器	1号主变压器×号电容器无功	√	√		
	1号主变压器×号电容器电流	√	√		
其他电容器	类推				一个电容器2个遥测量
10kV 母线	10kV Ⅰ 段母线 A 相电压			√	
	10kV Ⅰ 段母线 B 相电压			√	
	10kV Ⅰ 段母线 C 相电压			√	
	10kV Ⅰ 段母线 AB 线电压	√	√		
其他 10kV 母线	类推				一个 10kV 母线 4 个遥测量
站用电源数据	所用电Ⅰ段 A 相电压			√	低压侧或线电压
	所用电Ⅰ段 B 相电压			√	低压侧
	所用电Ⅰ段 C 相电压			√	低压侧
	所用电Ⅱ段 A 相电压			√	低压侧
	所用电Ⅱ段 B 相电压			√	低压侧
	所用电Ⅱ段 C 相电压			√	低压侧
	直流电源Ⅰ段电压			√	控制母线电压
	直流电源Ⅱ段电压			√	控制母线电压
重要设备在线监测数据	输变电设备在线监测数据1			√	根据监控业务需求选择
	输变电设备在线监测数据2			√	
	…			√	

表 5-6　　　　　　　　　遥 信 信 息 表

内容	遥信信息名称	电网运行	故障信号	设备状态	备　注
全站	全站事故总信号		√		合并信息
220kV 线路	××线开关间隔事故信号		√		××为线路名称及调度编号
	××线开关	√			××为线路名称及调度编号
	××线正母Ⅰ段刀闸	√			
	××线副母Ⅰ段刀闸	√			

内容	遥信信息名称	电网运行	故障信号	设备状态	备　注
220kV 线路	××线线路刀闸	√			
	××线开关母线侧接地刀闸	√			
	××线开关线路侧接地刀闸	√			
	××线线路接地刀闸	√			
	××线第一套线路保护跳闸		√		
	××线第二套线路保护跳闸		√		
	××线开关机构三相不一致动作		√		
	××线开关失灵保护动作		√		视实际保护配置
	××线重合闸动作		√		
	××线间隔一次设备故障			√	合并信号，视具体实现方式。选择主站端告警文本归并，则无此信号
	××线间隔一次设备异常			√	
	××线间隔二次设备或回路故障			√	
	××线间隔二次设备或回路异常			√	
其他 220kV 线路	类推，主变压器间隔另外				一条 220kV 线路 13～14 个遥信量
1 号主变压器	1 号主变压器第一套电气量保护动作		√		
	1 号主变压器第二套电气量保护动作		√		
	1 号主变压器非电量保护动作		√		
	1 号主变压器本体一次设备异常				合并信号，视具体实现方式。选择主站端告警文本归并，则无此信号
	1 号主变压器本体二次设备或回路异常				
	1 号主变压器 220kV 侧开关间隔事故信号		√		
	1 号主变压器 220kV 侧开关	√			
	1 号主变压器 220kV 侧正母刀闸	√			
	1 号主变压器 220kV 侧副母刀闸	√			
	1 号主变压器 220kV 侧变压器刀闸	√			
1 号主变压器	1 号主变压器 220kV 侧开关母线侧接地刀闸	√			

内容	遥信信息名称	电网运行	故障信号	设备状态	备注
1号主变压器	1号主变压器220kV侧开关变压器侧接地刀闸	√			
	1号主变压器220kV侧变压器侧接地刀闸	√			
	1号主变压器220kV侧开关机构三相不一致动作		√		
	1号主变压器220kV侧开关失灵保护动作		√		视实际保护配置
	1号主变压器220kV侧一次设备故障			√	合并信号，视具体实现方式。选择主站端告警文本归并，则无此信号
	1号主变压器220kV侧一次设备异常			√	
	1号主变压器220kV侧二次设备或回路故障			√	
	1号主变压器220kV侧二次设备或回路异常			√	
	1号主变压器110kV侧开关间隔事故信号		√		
	1号主变压器110kV侧开关	√			
	1号主变压器110kV侧正母刀闸	√			
	1号主变压器110kV侧副母刀闸	√			
	1号主变压器110kV侧变压器刀闸	√			
	1号主变压器110kV侧开关母线侧接地刀闸	√			
	1号主变压器110kV侧开关变压器侧接地刀闸	√			
	1号主变压器110kV侧变压器侧接地刀闸	√			
	1号主变压器110kV侧保护动作		√		
	1号主变压器110kV侧一次设备故障			√	合并信号，视具体实现方式。选择主站端告警文本归并，则无此信号
	1号主变压器110kV侧一次设备异常			√	
	1号主变压器110kV侧二次设备或回路故障			√	

内容	遥信信息名称	电网运行	故障信号	设备状态	备注
1号主变压器	1号主变压器110kV侧二次设备或回路异常			√	
	1号主变压器10kV侧开关间隔事故信号		√		
	1号主变压器10kV侧开关	√			
	1号主变压器10kV侧变压器刀闸	√			
	1号主变压器10kV侧开关母线侧接地刀闸	√			
	1号主变压器10kV侧开关变压器侧接地刀闸	√			
	1号主变压器10kV侧变压器接地刀闸	√			
	1号主变压器10kV侧保护动作		√		
	1号主变压器10kV侧一次设备故障			√	
	1号主变压器10kV侧一次设备异常			√	合并信号,视具体实现方式。选择主站端告警文本归并,则无此信号
	1号主变压器10kV侧二次设备或回路故障			√	
	1号主变压器10kV侧二次设备或回路异常			√	
其他主变压器	类推				一台主变压器33个遥信量
220kV母联	220kV 1号母联开关间隔事故信号		√		
	220kV 1号母联开关	√			
	220kV 1号母联正母刀闸	√			
	220kV 1号母联副母刀闸	√			
	220kV 1号母联开关正母侧接地刀闸	√			
	220kV 1号母联开关副母侧接地刀闸	√			
	220kV 1号母联保护动作		√		
	220kV 1号母联间隔一次设备故障			√	
	220kV 1号母联间隔一次设备异常			√	合并信号,视具体实现方式。选择主站端告警文本归并,则无此信号
	220kV 1号母联间隔二次设备或回路故障			√	
	220kV 1号母联间隔二次设备或回路异常			√	

内容	遥信信息名称	电网运行	故障信号	设备状态	备 注
其他 220kV 母联	类推				一条 220kV 母联 8 个遥信量
220kV 正母分段	220kV 正母分段开关间隔事故信号		√		
	220kV 正母分段开关	√			
	220kV 正母分段 I 母刀闸	√			
	220kV 正母分段 II 母刀闸	√			
	220kV 正母分段开关 I 母侧接地刀闸	√			
	220kV 正母分段开关 II 母侧接地刀闸	√			
	220kV 正母分段保护动作		√		
	220kV 正母分段间隔一次设备故障			√	
	220kV 正母分段间隔一次设备异常			√	合并信号,视具体实现方式。选择主站端告警文本归并,则无此信号
	220kV 正母分段间隔二次设备或回路故障			√	
	220kV 正母分段间隔二次设备或回路异常			√	
其他 220kV 母线分段	类推				一条 220kV 母线分段 8 个遥信量
220kV 母线保护	220kV I 母母差保护动作		√		
	220kV I 母失灵保护动作		√		
	220kV I 母间隔二次设备或回路异常			√	
	220kV II 母母差保护动作		√		
	220kV II 母失灵保护动作		√		
	220kV II 母间隔二次设备或回路异常			√	
110kV 线路	××线开关间隔事故信号		√		××为线路名称及调度编号
	××线开关	√			××为线路名称及调度编号
	××线正母刀闸	√			
	××线副母刀闸	√			
	××线线路刀闸	√			
	××线开关母线侧接地刀闸	√			

内容	遥信信息名称	电网运行	故障信号	设备状态	备 注
110kV 线路	××线开关线路侧接地刀闸	√			
	××线线路接地刀闸	√			
	××线线路保护动作		√		
	××线重合闸动作		√		
	××线间隔一次设备故障			√	
	××线间隔一次设备异常			√	合并信号，视具体实现方式。选择主站端告警文本归并，则无此信号
	××线间隔二次设备或回路故障			√	
	××线间隔二次设备或回路异常			√	
其他 110kV 线路	类推				一条 110kV 线路 11 个遥信量
110kV 母联	110kV 母联开关间隔事故信号		√		
	110kV 母联开关	√			
	110kV 母联正母刀闸	√			
	110kV 母联副母刀闸	√			
	110kV 母联开关正母侧接地刀闸	√			
	110kV 母联开关副母侧接地刀闸	√			
	110kV 母联保护动作		√		
	110kV 母联间隔一次设备故障			√	
	110kV 母联间隔一次设备异常			√	合并信号，视具体实现方式。选择主站端告警文本归并，则无此信号
	110kV 母联间隔二次设备或回路故障			√	
	110kV 母联间隔二次设备或回路异常			√	
110kV 母线保护	110kV 母线母差保护动作		√		
	110kV 母线间隔二次设备或回路异常			√	
10kV 线路	××线开关	√			××为线路名称及调度编号
	××线刀闸（或手车）	√			
	××线接地刀闸	√			
	××线保护动作		√		
	××线重合闸动作		√		

内容	遥信信息名称	电网运行	故障信号	设备状态	备 注
10kV 线路	××线间隔一次设备异常			√	合并信号，视具体实现方式。选择主站端告警文本归并，则无此信号
	××线间隔二次设备或回路异常			√	
其他 10kV 线路	10kV 线路、电容器开关可以类推				一条 10kV 线路 5 个遥信量
10kV 母线分段	10kV 母线分段开关	√			
	10kV 母线分段 I 母侧刀闸（或手车）	√			
	10kV 母线分段 II 母侧刀闸（或隔离柜手车）	√			
	10kV 母线分段保护动作		√		
	10kV 母线分段间隔一次设备异常			√	合并信号，视具体实现方式。选择主站端告警文本归并，则无此信号
	10kV 母线分段间隔二次设备或回路异常			√	
站用电源设备	站用交流电源故障			√	合并信号，视具体实现方式。选择主站端告警文本归并，则无此信号
	站用交流电源异常			√	
	站用直流电源故障			√	
	站用直流电源异常			√	
其他	其他				视具体设备配置

表 5-7 遥控（调）对象表

内容	遥控（调）对象名称	SBO	DO	备 注
220kV 线路开关	××线开关合/分	√		××为线路名称与调度编号
	××线开关同期合	√		××为线路名称与调度编号
其他 220kV 线路	220kV 线路、母联、母线分段开关可以类推			一条 220kV 线路 2 个遥控对象点
1 号主变压器	1 号主变压器 220kV 开关合/分	√		
	1 号主变压器 110kV 开关合/分	√		
	1 号主变压器 10kV 开关合/分	√		
	1 号主变压器分接头位置升/降	√		
	1 号主变压器调挡急停		√	
其他主变压器	类推			一台主变压器 5 个遥控对象点

内容	遥控（调）对象名称	SBO	DO	备　注
110kV 线路开关	××线开关合/分	√		××为线路名称与调度编号
	××线开关同期合	√		××为线路名称与调度编号
其他 110kV 线路	110kV 线路、母联开关可以类推			一条 110kV 线路 2 个遥控对象点
10kV 线路	××线开关合/分	√		××为线路名称与调度编号
其他 10kV 线路	10kV 线路、母线分段、电容器、所用变压器开关可以类推			一条 10kV 线路 1 个遥控对象点
保护软压板	保护重合闸软压板	√		
	调度允许的其他遥控	√		

典型 220kV 变电站调控数据信息量估计：

【例 5-3】中型 220kV 变电站规模： 4 条 220kV 线路，2 台主变压器，10 回 110 kV 线路，1 台 220kV 母联开关，1 台 110kV 母联开关，1 台 10kV 母线分段，8 个 10kV 间隔等。

遥测：$4×4+2×11+3×5+10×4+5×5+10×3+8=151$（个）

遥信：$4×15+2×34+3×8+10×11+2×8+10×5+5= 288$（个）

一个中型 220kV 变电站，按以上规模估算实时数据信息量，遥测约为 155 个，遥信约为 300 个。

【例 5-4】大型 220kV 变电站规模： 5 条 220kV 线路，4 台主变压器，15 回 110 kV 线路，2 台 220kV 母联开关，2 台 220kV 母线分段开关，2 台 110kV 母联开关，3 台 10kV 母线分段，12 个 10kV 间隔等。

遥测：$5×4+4×11+9×5+15×4+12×5+12×3+8=281$（个）

遥信：$5×15+4×34+8×8+15×11+2×8+12×5+5= 539$（个）

一个大型 220kV 变电站，按以上规模估算实时数据信息量，遥测约为 280 个，遥信约为 540 个。

（3）典型±800kV 换流站直流部分调控实时数据表见表 5-8～表 5-10。

表 5-8　　　　　　　　　　遥　测　数　据　表

内容	遥测数据名称	电网运行	分析计算	设备监控	备　注
极 1 高压换流变压器	××换流变压器交流进线有功	√	√		
	××换流变压器交流进线无功	√	√		
	××换流变压器交流进线电流	√	√	√	取单相，设置越限点

内容	遥测数据名称	电网运行	分析计算	设备监控	备注
极1高压换流变压器	××换流变压器交流进线A相电压			√	
	××换流变压器交流进线B相电压			√	
	××换流变压器交流进线C相电压			√	
	××换流变压器分接头挡位	√	√		单相或分相采集
	××换流变压器油温			√	单相或分相采集
极1低压换流变压器	××换流变压器交流进线有功	√	√		
	××换流变压器交流进线无功	√	√		
	××换流变压器交流进线电流	√	√	√	取单相,设置越限点
	××换流变压器交流进线A相电压			√	
	××换流变压器交流进线B相电压			√	
	××换流变压器交流进线C相电压			√	
	××换流变压器分接头挡位	√	√		单相或分相采集
	××换流变压器绕组温度	√	√		单相或分相采集
	××换流变压器油温				单相或分相采集
极2高、低压换流变压器	同极1,类推				每个换流变压器9个遥测量。每极18个遥测量
第一大组滤波器	××滤波器大组总无功	√	√		
	××滤波器大组电流	√	√	√	取单相
	×××滤波器无功	√	√		
	×××滤波器电流	√	√	√	取单相
	×××滤波器无功	√	√		
	×××滤波器电流	√	√	√	取单相
	×××滤波器无功	√	√		
	×××滤波器电流	√	√	√	取单相
	×××滤波器无功	√	√		
	×××滤波器电流	√	√	√	取单相
其他大组滤波器	类推				每大组滤波器4小组10个遥测量,每增减1小组滤波器增减2个遥测量

内容	遥测数据名称	电网运行	分析计算	设备监控	备 注
极 1	极×直流电压	√	√		
	极×直流电流	√	√	√	
	极×直流功率	√	√		
	极×中性母线电压	√	√		
	极×高压阀组点火角	√	√		
	极×高压阀组熄弧角	√	√		
	极×低压阀组点火角	√	√		
	极×低压阀组熄弧角	√	√		
极 2	同极 1，类推				每极 8 个遥测量
总加	双极直流功率	√	√		
	直流与交流系统交换无功功率	√	√		
	接地极引线电流	√	√		
极 1 参考值	极功率参考值	√	√		
	极功率升降速率参考值	√	√		
	极电流参考值	√	√		
	极电流升降速率参考值	√	√		
	极降压运行直流电压参考值	√	√		
极 2 参考值	同极 1，类推	√	√		每极 4 个遥测量
双极 参考值信号	双极功率参考值	√	√		
	双极功率升降速率参考值	√	√		
	电压控制电压参考值	√	√		
	无功控制无功参考值	√	√		

表 5-9　　　　　　　　　遥 信 信 息 表

内容	遥信信息名称	电网运行	电网故障	设备监控	备 注
第一大组 滤波器	××滤波器大组母线 5517 接地刀闸	√			
	×××滤波器 5511 开关	√			
	×××滤波器 55111 刀闸	√			

内容	遥信信息名称	电网运行	电网故障	设备监控	备　注
第一大组滤波器	×××滤波器 551117 接地刀闸	√			
	×××滤波器 551127 接地刀闸	√			
	×××滤波器 5512 开关	√			
	×××滤波器 55121 刀闸	√			
	×××滤波器 551217 接地刀闸	√			
	×××滤波器 551227 接地刀闸	√			
	×××滤波器 5513 开关	√			
	×××滤波器 55131 刀闸	√			
	×××滤波器 551317 接地刀闸	√			
	×××滤波器 551327 接地刀闸	√			
	×××滤波器 5514 开关	√			
	×××滤波器 55141 刀闸	√			
	×××滤波器 551417 接地刀闸	√			
	×××滤波器 551427 接地刀闸	√			
其他大组滤波器	类推				每大组滤波器 4 个小组 17 个遥信量。每增减 1 个小组增减 4 个遥信量
极 1 高压阀组	极 1 高压阀组阀厅 801117 地刀	√			
	极 1 高压阀组阀厅 801127 地刀	√			
	极 1 高压阀组阀厅 801137 地刀	√			
	极 1 高压阀组阀厅 801147 地刀	√			
	极 1 高压阀组 8011 旁通开关	√			
	极 1 高压阀组 80115 旁通刀闸	√			
	极 1 高压阀组 80111 连接刀闸	√			
	极 1 高压阀组 80112 连接刀闸	√			
极 1 低压阀组	极 1 低压阀组阀厅 801217 地刀	√			
	极 1 低压阀组阀厅 801227 地刀	√			
	极 1 低压阀组阀厅 801237 地刀	√			
	极 1 低压阀组阀厅 801247 地刀	√			
	极 1 低压阀组 8012 旁通开关	√			

内容	遥信信息名称	电网运行	电网故障	设备监控	备 注
极1低压阀组	极1低压阀组80125旁通刀闸	√			
	极1低压阀组80121连接刀闸	√			
	极1低压阀组00122连接刀闸	√			
极2高、低压阀组	同极1，类推	√			每个阀组8个遥信量。每极15个遥信量
极1	极1阀组801007连接地刀	√			
	极1母线801057地刀	√			
	极1极线80105刀闸	√			
	极1极线8010517地刀	√			
	极181201金属回线转换刀闸	√			
	极1中性母线0100开关	√			
	极1中性母线01002刀闸	√			
	极1中性母线010007地刀	√			
	极1中性母线010027地刀	√			
	极1金属回线01001刀闸	√			
	极1滤波器80101刀闸	√			
	极1滤波器801017地刀闸	√			
	极1滤波器00102刀闸	√			
	极1滤波器001027地刀	√		√	
极2	同极1，类推	√			每极14个遥信量
金属回路	金属回路中性接地0500开关	√			
	金属回路中性接地05001刀闸	√			
	金属回路0400开关	√			
	金属回路04001刀闸	√			
	金属回路040017地刀	√			
	金属回路040007地刀	√			
接地极	接地极0300开关	√			
	接地极03001刀闸	√			
	接地极03002刀闸	√			
	接地极05000刀闸	√			

内容	遥信信息名称	电网运行	电网故障	设备监控	备 注
接地极	接地极 050007 地刀	√			
	接地极 0500017 地刀	√			
	接地极 07001 刀闸	√			
	接地极 07002 刀闸	√			
极 1 直流	极 1 解锁/闭锁	√			
	极 1 高压阀组解锁/闭锁	√			
	极 1 低压阀组解锁/闭锁	√			
	极 1 功率控制/电流控制	√			
	极 1 双极功率控制	√			
	极 1 控制极	√			
	极 1 大地回线	√			
	极 1 金属回线	√			
	极 1 站间通信 OK	√			
	极 1 联合控制	√			
	极 1 独立控制	√			
	极 1 全压运行	√			
	极 1 降压运行	√			
	极 1 正向/反向功率方向	√			
极 2 直流	同极 1，类推	√			每极 14 个遥信量
双极信号	主控站				
	自动功率控制投入/退出				
	频率控制投入				
	安稳控制投入				
	无功控制投入/退出				
	无功控制手动/自动				
	无功控制控制/U 控制				

表 5-10   **遥控（调）对象表**

内容	遥控（调）对象名称	SBO	DO	备 注
极 1 遥控	极 1 极功率控制/电流控制转换	√		
	极 1 双极功率控制投入/退出	√		
	极 1 正常电压/降低电压切换	√		
	极 1 功率方向正向/方向转换	√		
	极电流保持指令	√		
	极功率保持指令	√		
极 2 遥控	同极 1，类推			每极 5 个遥控对象点
双极遥控	双极功率保持指令	√		
	大地回线/金属回线转换	√		
	频率控制投入/退出	√		
	安稳控制投入/退出	√		
极 1 遥调	极 1 电流整定值	√		
	极 1 电流变压器化速率整定值	√		
	极 1 功率整定值	√		
	极 1 功率变压器化速率整定值	√		
	极降压运行电压整定值	√		
极 2 遥调	同极 1，类推	√		每极 4 个遥调对象点
双极遥调	双极功率整定值	√		
	双极功率变压器化速率整定值	√		
	无功控制交换无功整定值	√		
	无功控制母线电压整定值	√		

（4）变电站设备告警直传信息表见表 5-11。

表 5-11   **主变压器信息表**

信息源	信息名称	级别	Syslog 标准格式举例	备注
操作箱	××主变压器××kV 侧事故信号	1	华东.兰溪变/500kV.#1 主变压器–高/事故信号； 华东.兰溪变/220kV.#1 主变压器–中/事故信号； 华东.兰溪变/35kV.#1 主变压器–低/事故信号	
冷却器状态	××主变压器冷却器失电	2	华东.兰溪变/500kV.#1 主变压器/冷却器.失电	
	××主变压器冷却器故障	2	华东.兰溪变/500kV.#1 主变压器/冷却器.故障	

信息源	信息名称	级别	Syslog 标准格式举例	备注
冷却器状态	××主变压器冷却器全停延时跳闸	1	华东.兰溪变/500kV.#1 主变/冷却器.全停延时跳闸	
	××主变压器冷却器全停告警	2	华东.兰溪变/500kV.#1 主变/冷却器.全停	
本体信息	××主变压器本体重瓦斯动作	1	华东.兰溪变/500kV.#1 主变/本体.重瓦斯	
	××主变压器本体轻瓦斯告警	2	华东.兰溪变/500kV.#1 主变/本体.轻瓦斯	
	××主变压器本体压力释放动作	1	华东.兰溪变/500kV.#1 主变/本体.压力释放	
	××主变压器本体压力突变告警	2	华东.兰溪变/500kV.#1 主变/本体.压力突变	
	××主变压器本体油温高跳闸	1	华东.兰溪变/500kV.#1 主变/本体.油温高跳闸	
	××主变压器本体油温高告警	2	华东.兰溪变/500kV.#1 主变/本体.油温高	
	××主变压器本体油位异常	2	华东.兰溪变/500kV.#1 主变/本体.油位异常	
	××主变压器本体保护装置故障	2	华东.兰溪变/500kV.#1 主变/本体.保护装置故障	
	××主变压器本体保护装置异常	2	华东.兰溪变/500kV.#1 主变/本体.保护装置异常	
有载调压	××主变压器有载重瓦斯动作	1	华东.兰溪变/500kV.#1 主变/有载调压.重瓦斯	
	××主变压器有载轻瓦斯告警	2	华东.兰溪变/500kV.#1 主变/有载调压.轻瓦斯告警	
	××主变压器有载压力释放动作	1	华东.兰溪变/500kV.#1 主变/有载调压.压力释放	
	××主变压器有载油位异常	2	华东.兰溪变/500kV.#1 主变/有载调压.油位异常	
	××主变压器有载调压开关调挡异常	2	华东.兰溪变/500kV.#1 主变/有载调压.调挡异常	
	××主变压器有载调压控制屏交直流电源故障	2	华东.兰溪变/500kV.#1 主变/有载调压.控制屏交直流电源故障	
在线滤油	××主变压器在线滤油装置启动	5	华东.兰溪变/500kV.#1 主变/在线滤油装置.启动	
	××主变压器在线滤油装置运转超时	2	华东.兰溪变/500kV.#1 主变/在线滤油装置.运转超时	
	××主变压器在线滤油装置异常	2	华东.兰溪变/500kV.#1 主变/在线滤油装置.异常	
灭火装置	××主变压器灭火装置动作	1	华东.兰溪变/500kV.#1 主变/灭火装置.灭火	
	××主变压器灭火装置异常	2	华东.兰溪变/500kV.#1 主变/灭火装置.异常	

表 5-12　　　　　　　　　　高 压 电 抗 器 信 息 表

信息源	信息名称	级别	Syslog 标准格式举例	备注
高压电抗器	××高压电抗器冷却器异常告警	2	华东.兰溪变/500kV.#1 高抗/冷却器.异常	
	××高压电抗器本体电源故障	2	华东.兰溪变/500kV.#1 高抗/本体.电源故障	
	××高压电抗器本体重瓦斯动作	1	华东.兰溪变/500kV.#1 高抗/本体.重瓦斯	
	××高压电抗器本体轻瓦斯告警	2	华东.兰溪变/500kV.#1 高抗/本体.轻瓦斯	
	××高压电抗器本体压力释放动作	1	华东.兰溪变/500kV.#1 高抗/本体.压力释放	
	××高压电抗器本体油温高跳闸	1	华东.兰溪变/500kV.#1 高抗/本体.油温高跳闸	
	××高压电抗器本体油温高告警	2	华东.兰溪变/500kV.#1 高抗/本体.油温高	
	××高压电抗器本体油位异常	2	华东.兰溪变/500kV.#1 高抗/本体.油位异常	
	××高压电抗器保护装置故障	2	华东.兰溪变/500kV.#1 高抗/保护装置.故障	
	××高压电抗器保护装置异常	2	华东.兰溪变/500kV.#1 高抗/保护装置.异常	

表 5-13　　　　　　　　　　线路及断路器信息表

信息源	信息规范化名称	级别	Syslog 标准格式举例	备注
操作箱	××线间隔事故信号	1	华东.兰溪变/220kV.东牌 2337 线/事故信号	
SF_6 开关	××开关 SF_6 压力低告警	2	华东.兰溪变/220kV.东牌 2337 线.开关/ SF_6 压力低告警	
	××开关 SF_6 压力低闭锁	2	华东.兰溪变/220kV.东牌 2337 线.开关/ SF_6 压力低闭锁	
液压机构	××开关油压低分合闸总闭锁	2	华东.兰溪变/220kV.东牌 2337 线.开关/油压低分合闸总闭锁	
	××开关油压低合闸闭锁	2	华东.兰溪变/220kV.东牌 2337 线.开关/油压低合闸闭锁	
	××开关油压低闭锁重合闸	2	华东.兰溪变/220kV.东牌 2337 线.开关/油压低闭锁重合闸	
	××开关漏 N_2 告警	2	华东.兰溪变/220kV.东牌 2337 线.开关/漏 N_2 告警	
	××开关漏 N_2 闭锁	2	华东.兰溪变/220kV.东牌 2337 线.开关/漏 N_2 闭锁	
	××开关油泵启动	5	华东.兰溪变/220kV.东牌 2337 线.开关/油泵启动	可选
	××开关油泵打压超时	2	华东.兰溪变/220kV.东牌 2337 线.开关/油泵打压超时	

信息源	信息规范化名称	级别	Syslog 标准格式举例	备注
气动机构	××开关气压低分合闸总闭锁	2	华东.兰溪变/220kV.东牌 2337 线.开关/气压低分合闸总闭锁	
	××开关气压低合闸闭锁	2	华东.兰溪变/220kV.东牌 2337 线.开关/气压低合闸闭锁	
	××开关气压低闭锁重合闸	2	华东.兰溪变/220kV.东牌 2337 线.开关/气压低闭锁重合闸	
	××开关气泵启动	5	华东.兰溪变/220kV.东牌 2337 线.开关/气泵启动	可选
	××开关气泵打压超时	2	华东.兰溪变/220kV.东牌 2337 线.开关/气泵打压超时	
	××开关气泵空气压力高告警	2	华东.兰溪变/220kV.东牌 2337 线.开关/气泵空气压力高	
弹簧机构	××开关机构弹簧未储能	2	华东.兰溪变/220kV.东牌 2337 线.开关/弹簧未储能	
机构异常信号	××开关储能电机故障	2	华东.兰溪变/220kV.东牌 2337 线.开关/储能电机故障	
	××开关加热器故障	2	华东.兰溪变/220kV.东牌 2337 线.开关/加热器故障	
	××开关机构三相不一致跳闸	1	华东.兰溪变/220kV.东牌 2337 线.开关/三相不一致跳闸	
控制回路状态	××开关机构就地控制	5	华东.兰溪变/220kV.东牌 2337 线.开关/就地控制	可选
	××开关第一组控制回路断线	2	华东.兰溪变/220kV.东牌 2337 线.开关/第一组控制回路断线	
	××开关第二组控制回路断线	2	华东.兰溪变/220kV.东牌 2337 线.开关/第二组控制回路断线	
	××开关第一组控制电源消失	2	华东.兰溪变/220kV.东牌 2337 线.开关/第一组控制电源消失	
	××开关第二组控制电源消失	2	华东.兰溪变/220kV.东牌 2337 线.开关/第二组控制电源消失	

表 5-14   **GIS（含 HGIS）信息表**

信息源	信息规范化名称	级别	Syslog 标准格式举例	备注
本体、机构（含汇控柜）	××气室低气压告警	2	华东.仁和变/220kV.仁天 4Q52 线.#2 气室/低气压	
	××汇控柜电气联锁解除	2	华东.仁和变/220kV.仁天 4Q52 线.汇控柜/电气联锁解除	
	××汇控柜加热器异常	2	华东.仁和变/220kV.仁天 4Q52 线.汇控柜/加热器异常	

信息源	信息规范化名称	级别	Syslog 标准格式举例	备注
本体、机构（含汇控柜）	××开关汇控柜交流电源消失	2	华东.仁和变/220kV.仁天 4Q52 线.汇控柜/交流电源消失	
	××开关汇控柜直流电源消失	2	华东.仁和变/220kV.仁天 4Q52 线.汇控柜/直流电源消失	

表 5-15   隔 离 开 关 信 息 表

信息源	信息规范化名称	级别	Syslog 标准格式举例	备注
机构信号	××闸刀就地控制	5	华东.兰溪变/220kV.东牌 2337 线.正母闸刀/就地控制	
	××闸刀电机电源消失	2	华东.兰溪变/220kV.东牌 2337 线.正母闸刀/电机电源消失	
	××闸刀电机故障	2	华东.兰溪变/220kV.东牌 2337 线.正母闸刀/电机故障	
	××闸刀加热器异常	2	华东.兰溪变/220kV.东牌 2337 线.正母闸刀/加热器异常	

表 5-16   电流、电压互感器信息表

信息源	信息规范化名称	级别	Syslog 标准格式举例	备注
电流、电压互感器	××电流互感器 SF_6 压力低告警	2	华东.兰溪变/220kV.东牌 2337 线.电流互感器/SF_6 压力低	
	××TV 保护二次电压空气开关跳开	2	华东.兰溪变/220kV. 220kV 正母.电压互感器/保护二次电压空开跳开	
	××TV 计量二次电压空气开关跳开	2	华东.兰溪变/220kV. 220kV 正母.电压互感器/计量二次电压空开跳开	
	××母线 TV 并列	5	华东.兰溪变/220kV. 220kV 母线/TV 并列	
	××母线 TV 并列装置直流电源消失	2	华东.兰溪变/220kV. 220kV 母线/TV 并列装置.直流电源消失	
	××母线零序电压越限	3	浙江.古田变/35kV. 35kV Ⅰ段母线/零序电压越限	

表 5-17   站内交流电源信息表

信息源	信息规范化名称	级别	Syslog 标准格式举例	备注
站内交流电源	××站用变压器有载重瓦斯动作	1	华东.兰溪变/35kV.#1 站用变/有载重瓦斯	
	××站用变压器本体重瓦斯动作	1	华东.兰溪变/35kV.#1 站用变/本体重瓦斯	
	××站用变压器本体轻瓦斯告警	2	华东.兰溪变/35kV.#1 站用变/本体轻瓦斯	

信息源	信息规范化名称	级别	Syslog 标准格式举例	备注
站内交流电源	××站用变压器本体压力突变告警	2	华东.兰溪变/35kV.#1 站用变/本体压力突变	
	××站用变压器本体油温高告警	2	华东.兰溪变/35kV.#1 站用变/本体油温高	
	××站用变压器有载轻瓦斯告警	2	华东.兰溪变/35kV.#1 站用变/有载轻瓦斯	
	××站用变压器××kV 侧电压异常	2	华东.兰溪变/380V.#1 站用变-低/电压异常	
	××站用变压器低压开关	4	华东.兰溪变/380V.#1 站用变/低压开关	
	××站用变压器低压分段开关	4	华东.兰溪变/380V.#1 站用变/低压分段开关	

表 5-18　　　　　　　　　　　消弧线圈信息表

信息源	信息规范化名称	级别	Syslog 标准格式名称	备注
消弧线圈	××消弧线圈交直流电源消失	2	衢州.梅花变/10kV.#1 消弧线圈/交直流电源消失	
	××母线接地（消弧线圈判断）	2	衢州.梅花变/10kV.#1 消弧线圈/母线接地	
	××消弧线圈装置异常	2	衢州.梅花变/10kV.#1 消弧线圈/装置异常	
	××消弧线圈装置拒动	2	衢州.梅花变/10kV.#1 消弧线圈/装置拒动	
	××消弧线圈调挡	2	衢州.梅花变/10kV.#1 消弧线圈/调挡	
	××消弧线圈单独运行	5	衢州.梅花变/10kV.#1 消弧线圈/单独运行	
	××消弧线圈位移过限	5	衢州.梅花变/10kV.#1 消弧线圈/位移过限	
	××消弧线圈至最低挡	5	衢州.梅花变/10kV.#1 消弧线圈/至最低挡	
	××消弧线圈至最高挡	5	衢州.梅花变/10kV.#1 消弧线圈/至最高挡	

表 5-19　　　　　　　　　　　直流系统信息表

信息源	信息规范化名称	级别	Syslog 标准格式名称	备注
直流系统	直流电源电压异常	2	华东.兰溪变/DC220V.直流电源/电压异常	
	直流电源绝缘异常	2	华东.兰溪变/DC220V.直流电源/绝缘异常	
	直流电源故障	2	华东.兰溪变/DC220V.直流电源/故障	
	直流电源交流输入故障	2	华东.兰溪变/DC220V.直流电源/交流输入故障	
	直流电源模块故障	2	华东.兰溪变/DC220V.直流电源/模块故障	
	直流电源馈电开关故障	2	华东.兰溪变/DC220V.直流电源/馈电开关故障	
	直流电源通信中断	2	华东.兰溪变/DC220V.直流电源/通信中断	

信息源	信息规范化名称	级别	Syslog 标准格式名称	备注
蓄电池	蓄电池总熔丝熔断	2	华东.兰溪变/DC220V.直流电源/蓄电池.总熔丝熔断	
	蓄电池室温度过高	2	华东.兰溪变/DC220V.直流电源/蓄电池室.温度过高	
	蓄电池电压异常	2	华东.兰溪变/DC220V.直流电源/蓄电池.电压异常	

表 5-20 　　　　　　　　　　通 信 电 源 信 息 表

信息源	信息规范化名称	级别	Syslog 标准格式名称	备注
通信电源	××通信直流系统电压异常	2	华东.兰溪变/DC48V.通信电源/电压异常	
	××通信直流系统交流输入故障	2	华东.兰溪变/DC48V.通信电源/交流输入故障	
	××通信直流系统模块故障	2	华东.兰溪变/DC48V.通信电源/模块故障	
蓄电池	××通信蓄电池总熔丝熔断	2	华东.兰溪变/DC48V.通信电源/蓄电池.总熔丝熔断	

表 5-21 　　　　　　　　　　监控逆变电源信息表

信息源	信息规范化名称	级别	Syslog 标准格式名称	备注
逆变电源	××监控逆变电源故障	2	华东.兰溪变/220V.#1 监控逆变电源/故障	
	××监控逆变电源过载	2	华东.兰溪变/220V.#1 监控逆变电源/过载	
	××监控逆变电源交流输入异常	2	华东.兰溪变/220V.#1 监控逆变电源/交流输入异常	
	××监控逆变电源逆变异常	2	华东.兰溪变/220V.#1 监控逆变电源/逆变异常	
	××逆变电源直流输入异常	2	华东.兰溪变/220V.#1 监控逆变电源/直流输入异常	
	××逆变电源旁路供电	2	华东.兰溪变/220V.#1 监控逆变电源/旁路供电	

表 5-22 　　　　　　　　　　线 路 保 护 信 息 表

信息源	信息名称	级别	Syslog 标准格式名称	备注
线路	××线路第一套主保护动作	1	华东.兰溪变/220kV.东牌 2337 线/第一套主保护	
	××线路第一套后备保护动作	1	华东.兰溪变/220kV.东牌 2337 线/第一套后备保护	
	××线路第一套保护重合闸动作	1	华东.兰溪变/220kV.东牌 2337 线/第一套保护.重合闸	

信息源	信息名称	级别	Syslog 标准格式名称	备注
线路	××线路第一套保护远跳发信	1	华东.兰溪变/220kV.东牌 2337 线/第一套保护.远跳发信	
	××线路第一套保护远跳收信	1	华东.兰溪变/220kV.东牌 2337 线/第一套保护.远跳收信	
	××线路第一套保护重合闸闭锁	2	华东.兰溪变/220kV.东牌 2337 线/第一套保护.重合闸闭锁	
	××线路第一套保护 TA 断线	2	华东.兰溪变/220kV.东牌 2337 线/第一套保护.TA 断线	
	××线路第一套保护 TV 断线	2	华东.兰溪变/220kV.东牌 2337 线/第一套保护.TV 断线	
	××线路第一套保护切换继电器失电	2	华东.兰溪变/220kV.东牌 2337 线/第一套保护.切换继电器失电	
	××线路第一套保护切换继电器同时动作	2	华东.兰溪变/220kV.东牌 2337 线/第一套保护.切换继电器同时动作	
	××线路第一套保护装置故障或闭锁	2	华东.兰溪变/220kV.东牌 2337 线/第一套保护.装置故障或闭锁	
	××线路第一套保护装置异常	2	华东.兰溪变/220kV.东牌 2337 线/第一套保护.装置异常	
	××线路第一套保护装置通信中断	2	华东.兰溪变/220kV.东牌 2337 线/第一套保护.装置通信中断	
	××线路第一套保护保护通道异常	2	华东.兰溪变/220kV.东牌 2337 线/第一套保护.保护通道异常	
	××线路第一套保护远跳就地判别动作	2	华东.兰溪变/220kV.东牌 2337 线/第一套保护.远跳就地判别	
	××线路第一套保护自保持继电器动作	2	华东.兰溪变/220kV.东牌 2337 线/第一套保护.保持继电器	
	××线路第一套保护 A 相跳闸	1	华东.兰溪变/220kV.东牌 2337 线/第一套保护.A 相跳闸	
	××线路第一套保护 B 相跳闸	1	华东.兰溪变/220kV.东牌 2337 线/第一套保护.B 相跳闸	
	××线路第一套保护 C 相跳闸	1	华东.兰溪变/220kV.东牌 2337 线/第一套保护.C 相跳闸	
	××线路第一套保护跳闸	1	华东.兰溪变/220kV.东牌 2337 线/第一套保护.跳闸	
	××线路第一套保护总出口软压板投入	5	华东.兰溪变/220kV.东牌 2337 线/第一套保护.总出口软压板	

信息源	信息名称	级别	Syslog 标准格式名称	备注
线路	××线路第一套保护重合闸软压板投入	5	华东.兰溪变/220kV.东牌 2337 线/第一套保护.重合闸软压板	
	××线路第一套纵联保护软压板投入	5	华东.兰溪变/220kV.东牌 2337 线/第一套保护.纵联软压板	
	××线路间隔第一套保护 SV 数据异常	2	华东.兰溪变/220kV.东牌 2337 线/第一套保护.SV 数据异常	
	××线路间隔第一套保护 SV 链路中断	2	华东.兰溪变/220kV.东牌 2337 线/第一套保护.SV 链路中断	
	××线路间隔第一套保护 GOOSE 数据异常	2	华东.兰溪变/220kV.东牌 2337 线/第一套保护.GOOSE 数据异常	
	××线路间隔第一套保护 GOOSE 链路中断	2	华东.兰溪变/220kV.东牌 2337 线/第一套保护.GOOSE 链路中断	
	××线路间隔第一套合并单元异常	2	华东.兰溪变/220kV.东牌 2337 线/第一套合并单元.异常	
	××线路间隔第一套智能终端异常	2	华东.兰溪变/220kV.东牌 2337 线/第一套智能终端.异常	
	××线路间隔第一套 GOOSE 交换机异常	2	华东.兰溪变/220kV.东牌 2337 线/第一套 GOOSE 交换机.异常	
	××线路间隔第一套 MMS 交换机异常	2	华东.兰溪变/220kV.东牌 2337 线/第一套 MMS 交换机.异常	
	××线路间隔第一套保护对时异常	2	华东.兰溪变/220kV.东牌 2337 线/第一套保护.对时异常	
	××线路第二套信号同第一套 ……			

表 5-23　　　　　　　　　　　母线、母联（分段）保护信息表

信息源	信息名称	级别	Syslog 标准格式名称	备注
保护装置	××母差第一套保护动作	1	华东.兰溪变/220kV.220kV Ⅰ段母线/母差第一套保护	
	××失灵第一套保护动作	1	华东.兰溪变/220kV.220kV Ⅰ段母线/失灵第一套保护	
	××母联（分段）过流解列第一套保护动作	1	华东.兰溪变/220kV.220kV 母联/过流解列第一套保护	
	××母差第一套保护互联	5	华东.兰溪变/220kV.220kV Ⅰ段母线/母差第一套保护.互联	
	××母差第一套保护 TA 断线告警	2	华东.兰溪变/220kV.220kV Ⅰ段母线/母差第一套保护.TA 断线	

信息源	信息名称	级别	Syslog 标准格式名称	备注
保护装置	××母差第一套保护 TV 断线告警	2	华东.兰溪变/220kV.220kVI 段母线/母差第一套保护.TV 断线	
	××母差第一套保护刀闸位置异常	2	华东.兰溪变/220kV.220kVI 段母线/母差第一套保护.刀闸位置异常	
	××母差第一套保护总出口软压板投入	5	华东.兰溪变/220kV.220kVI 段母线/母差第一套保护.总出口软压板	
	××母差第一套保护失灵软压板投入	5	华东.兰溪变/220kV.220kVI 段母线/母差第一套保护.失灵软压板	
	××母差第一套保护差动软压板投入	5	华东.兰溪变/220kV.220kVI 段母线/母差第一套保护.差动软压板	
	××分列软压板投入	5	华东.兰溪变/220kV.220kVI 段母线/母差第一套保护.分列软压板	
	××互联软压板投入	5	华东.兰溪变/220kV.220kVI 段母线/母差第一套保护.互联软压板	
	××母联第一套充电保护动作	1	华东.兰溪变/220kV.220kVI 段母线/母差第一套保护.充电保护	
	××母联（分段）第一套过流保护动作	1	华东.兰溪变/220kV.220kV 母联/第一套过流保护	
	××装置异常	2	华东.兰溪变/220kV.220kVI 段母线/母差第一套保护.装置异常	
	××装置故障	2	华东.兰溪变/220kV.220kVI 段母线/母差第一套保护.装置故障	
	××装置通信中断	2	华东.兰溪变/220kV.220kVI 段母线/母差第一套保护.装置通信中断	
	××母线、母联（分段）第二套信号同第一套			

表 5-24 变压器保护信息表

信息源	信息名称	级别	Syslog 标准格式名称	备注
保护装置	××主变压器差动保护动作	1	华东.兰溪变/500kV.#1 主变/差动保护	
	××主变压器××侧后备保护动作	1	华东.兰溪变/500kV.#1 主变-高/后备保护 华东.兰溪变/220kV.#1 主变-中/后备保护	
	××主变压器××侧过负荷跳闸	1	华东.兰溪变/500kV.#1 主变-高/过负荷跳闸	
	××主变压器××侧过负荷告警	2	华东.兰溪变/500kV.#1 主变-高/过负荷	

信息源	信息名称	级别	Syslog 标准格式名称	备注
保护装置	××装置异常	2	华东.兰溪变/500kV.#1 主变-高/后备保护.装置异常	
	××装置故障	2	华东.兰溪变/500kV.#1 主变-高/后备保护.装置故障	
	××装置通信中断	2	华东.兰溪变/500kV.#1 主变-高/后备保护.装置通信中断	
	××控制回路断线	2	华东.兰溪变/500kV.#1 主变-高/后备保护.控制回路断线	
	××保护 TV 断线	2	华东.兰溪变/500kV.#1 主变-高/后备保护.TV 断线	
	××保护 TA 断线	2	华东.兰溪变/500kV.#1 主变-高/后备保护.TA 断线	
	××保护自保持继电器动作	2	华东.兰溪变/500kV.#1 主变-高/后备保护.自保持继电器动作	
	××切换继电器失电	2	华东.兰溪变/500kV.#1 主变-高/后备保护.切换继电器失电	
	××切换继电器同时动作	2	华东.兰溪变/500kV.#1 主变-高/后备保护.切换继电器同时动作	
	××主变压器非电量保护动作	1	华东.兰溪变/500kV.#1 主变/非电量保护	
	××过载闭锁有载调压	2	华东.兰溪变/500kV.#1 主变/过载闭锁有载调压	
	××主变压器过励磁保护动作	1	华东.兰溪变/500kV.#1 主变/过励磁保护	
	××保护总出口软压板投入	5	华东.兰溪变/500kV.#1 主变-高/后备保护.总出口软压板	

表 5-25　　　　　　　　　　　高压电抗器保护信息表

信息源	信息名称	级别	Syslog 标准格式名称	备注
保护装置	××高压电抗器主保护动作	1	华东.兰溪变/500kV.#1 高抗/主保护	
	××高压电抗器后备保护动作	1	华东.兰溪变/500kV.#1 高抗/后备保护	
	××高压电抗器过负荷告警	2	华东.兰溪变/500kV.#1 高抗/过负荷	
	××高压电抗器差流越限	2	华东.兰溪变/500kV.#1 高抗/差流越限	
	××高压电抗器 TA 异常告警	2	华东.兰溪变/500kV.#1 高抗/TA 异常	
	××高压电抗器 TV 异常告警	2	华东.兰溪变/500kV.#1 高抗/TV 异常	
	××高压电抗器保护装置通信中断	2	华东.兰溪变/500kV.#1 高抗/主保护.装置通信中断	
	××高压电抗器控制电源异常	2	华东.兰溪变/500kV.#1 高抗/主保护.控制电源异常	

表 5-26　　　　　　　　　　　　　　　　**断路器保护信息表**

信息源	信息名称	级别	Syslog 标准格式名称	备注
保护装置	××失灵保护动作	1	华东.兰溪变/220kV.东牌 2337 线.开关/失灵保护	
	××死区保护动作	1	华东.兰溪变/220kV.东牌 2337 线.开关/死区保护	
	××充电保护动作	1	华东.兰溪变/220kV.东牌 2337 线.开关/充电保护	
	××短引线保护动作	1	华东.兰溪变/220kV.东牌 2337 线.开关/短引线保护	3/2 接线
	××重合闸动作	1	华东.兰溪变/220kV.东牌 2337 线.开关/重合闸	
	××闭锁重合闸	2	华东.兰溪变/220kV.东牌 2337 线.开关/闭锁重合闸	
	××装置异常	2	华东.兰溪变/220kV.东牌 2337 线.开关/充电保护.装置异常	
	××装置故障	2	华东.兰溪变/220kV.东牌 2337 线.开关/充电保护.装置故障	
	××装置通信中断	2	华东.兰溪变/220kV.东牌 2337 线.开关/充电保护.装置通信中断	
	××保护总出口软压板投入	5	华东.兰溪变/220kV.东牌 2337 线.开关/保护总出口软压板	
	××保护重合闸软压板投入	5	华东.兰溪变/220kV.东牌 2337 线.开关/保护重合闸软压板	

表 5-27　　　　　　　　　　　　　　**电容器、电抗器保护信息表**

信息源	信息名称	级别	Syslog 标准格式名称	备注
保护装置	××保护动作	1	华东.兰溪变/35kV.#1 电容器/保护	
	××装置异常	2	华东.兰溪变/35kV.#1 电容器/保护.装置异常	
	××装置故障	2	华东.兰溪变/35kV.#1 电容器/保护.装置故障	
	××装置通信中断	2	华东.兰溪变/35kV.#1 电容器/保护.装置通信中断	

表 5-28　　　　　　　　　　　　　　**备自投及安全自动装置表**

信息源	信息名称	级别	Syslog 标准格式名称	备注
自动装置	××备自投/安全自动装置动作	1	衢州.梅花变/110kV.进线电源/备自投	
	××备自投/安全自动装置异常	2	衢州.梅花变/110kV.进线电源/备自投.装置异常	

信息源	信息名称	级别	Syslog 标准格式名称	备注
自动装置	××备自投/安全自动装置故障	2	衢州.梅花变/110kV.进线电源/备自投.装置故障	
	××备自投/安全自动装置通信中断	2	衢州.梅花变/110kV.进线电源/备自投.装置通信中断	
	××备自投/安全自动装置软压板	5	衢州.梅花变/110kV.进线电源/备自投.软压板	

表 5-29　　　　　　　　　　　　　　监控系统信息表

信息源	信息名称	级别	Syslog 标准格式名称	备注
测控装置	××测控装置失电	2	华东.兰溪变/220kV.东牌 2337 线/测控装置.失电	
	××测控装置异常	2	华东.兰溪变/220kV.东牌 2337 线/测控装置.异常	
	××测控装置控制切至就地位置	5	华东.兰溪变/220kV.东牌 2337 线/测控装置.控制切至就地位置	
	××测控装置检修压板投入	5	华东.兰溪变/220kV.东牌 2337 线/测控装置.检修压板	
	××测控装置 A 网通信中断	2	华东.兰溪变/220kV.东牌 2337 线/测控装置.A 网通信中断	
	××测控装置 B 网通信中断	2	华东.兰溪变/220kV.东牌 2337 线/测控装置.B 网通信中断	
	××测控装置防误解除	5	华东.兰溪变/220kV.东牌 2337 线/测控装置.防误解除	
远动	××远动通信工作站失电	2	华东.兰溪变/监控系统/远动通信工作站.失电	
	××远动通信工作站故障	2	华东.兰溪变/监控系统/远动通信工作站.故障	
交换机	××交换机失电	2	华东.兰溪变/监控系统/站控层#1 交换机.失电	
	××交换机故障	2	华东.兰溪变/监控系统/站控层#1 交换机.故障	
时间同步装置	××时间同步装置失电	2	华东.兰溪变/监控系统/ #1 时间同步装置.失电	
	××时间同步装置故障信号	2	华东.兰溪变/监控系统/ #1 时间同步装置.故障	
	××时间同步装置失步信号	2	华东.兰溪变/监控系统/ #1 时间同步装置.失步	
	××时间同步装置无脉冲	5	华东.兰溪变/监控系统/ #1 时间同步装置.无脉冲	
其他 IED	××装置失电	2	电网.变电站/电压.××装置/失电	
	××装置故障	2	电网.变电站/电压.××装置/故障	

表 5-30　　　　　　　　　　　　　　AVC/VQC 信息表

信息源	信息名称	级别	Syslog 标准格式名称	备注
遥信	VQC 投入	5	华东.兰溪变/监控系统/VQC 投入	
	VQC 闭锁	2	华东.兰溪变/监控系统/VQC 闭锁	
	VQC 异常	2	华东.兰溪变/监控系统/VQC 异常	

信息源	信息名称	级别	Syslog 标准格式名称	备注
遥信	VQC 调节	5	华东.兰溪变/监控系统/VQC 调节	
	AVC 信号参照 VQC			

表 5-31 其 他 信 息 表

信息源	信息名称	级别	Syslog 标准格式样例	备注
事故总体	全站事故总信号	1	华东.兰溪变/500kV.全站/事故总信号	
	××间隔事故信号	1	华东.兰溪变/220kV.东牌 2337 线/事故信号	
消防系统	××消防火灾告警	1	华东.兰溪变/辅助监控/消防火灾	
	××消防装置故障告警	2	华东.兰溪变/辅助监控/消防装置故障	
	××区域消防启动	2	华东.兰溪变/辅助监控/#1 区域消防启动	
环境温度	××小室温度越限	3	华东.兰溪变/辅助监控/继保小室温度	
	××户外智能组件柜温度异常	3	华东.兰溪变/500kV.#1 主变/户外智能组件柜温度异常	
	××恒温装置异常	3	华东.兰溪变/500kV.#1 主变/户外智能组件柜恒温装置.异常	
故障录波	××故障录波器启动	5	华东.兰溪变/500kV.#1 主变/故障录波器.启动	
	××故障录波器装置异常	2	华东.兰溪变/500kV.#1 主变/故障录波器.装置异常	
低频（压）减载	××低频（压）减载装置动作	1	衢州.梅花变/10kV.出线负载/低频减载装置	
	××低频（低压）减载装置异常	2	衢州.梅花变/10kV.出线负载/低频减载装置.异常	
防盗	××防盗告警装置动作	2	华东.兰溪变/辅助监控/防盗告警装置.动作	
相量装置	××相量测量装置异常	2	华东.兰溪变/监控系统/相量测量装置.异常	
	××相量测量装置失电	2	华东.兰溪变/监控系统/相量测量装置.失电	
	××相量测量装置通信中断	2	华东.兰溪变/监控系统/相量测量装置.通信中断	
	××相量测量装置录波启动	1	华东.兰溪变/监控系统/相量测量装置.录波启动	
	××相量测量装置 TV 断线	2	华东.兰溪变/监控系统/相量测量装置.TV 断线	
	××相量测量装置 GPS 失步	2	华东.兰溪变/监控系统/相量测量装置.GPS 失步	
故障测距装置	××故障测距装置异常	2	华东.兰溪变/500kV.芝安 5012 线/故障测距装置.异常	
稳控装置	××稳控装置动作	1	华东.兰溪变/系统控制/稳控装置.动作	
	××稳控装置异常	2	华东.兰溪变/系统控制/稳控装置.异常	

表 5-32

阀 组 保 护 表

信息源	信息名称	级别	Syslog 标准格式名称	备注
阀组保护 A/B/C	××极阀组阀短路保护动作	1	华中.复龙换流站/DC800kV.极 1.换流器 U1.换流器保护/系统 A.阀短路保护	
	××极阀组差动保护动作	1	华中.复龙换流站/ DC 800kV.极 1.换流器 U1.换流器保护/系统 A/差动保护	
	××极阀组换相失败保护动作	1	华中.复龙换流站/ DC 800kV.极 1.换流器 U1.换流器保护/系统 A 换相失败保护	
	××极阀组电压应力保护动作	1	华中.复龙换流站/ DC 800kV.极 1.换流器 U1.换流器保护/系统 A 电压应力保护	
	××极阀组过流保护动作	1	华中.复龙换流站/ DC 800kV.极 1.换流器 U1.换流器保护/系统 A 过流保护	
	××极阀组旁通开关保护动作	1	华中.复龙换流站/ DC 800kV.极 1.换流器 U1.换流器保护/系统 A 旁通开关保护	
	××极阀组旁通对过负荷保护作	1	华中.复龙换流站/ DC 800kV.极 1.换流器 U1.换流器保护/系统 A 旁通对过负荷保护	
	××极换流变阀侧中性点偏移保护动作	1	华中.复龙换流站/ DC 800kV.极 1.换流器 U1.换流器保护/系统 A 换流变阀侧中性点偏移保护	
	××极阀组交流失电保护动作	1	华中.复龙换流站/ DC 800kV.极 1.换流器 U1.换流器保护/系统 A 交流失电保护	
	××极阀组触发异常保护动作	1	华中.复龙换流站/DC800kV.极 1.换流器 U1.换流器保护/系统 A 触发异常保护	
	××极阀组交流低压检测	2	华中.复龙换流站/DC800kV.极 1.换流器 U1.换流器保护/系统 A 交流低压检测	
	丢脉冲保护动作	1	华中.复龙换流站/DC800kV.极 1.换流器 U1.换流器保护/系统 A.丢脉冲保护	
	误触发保护动作	1	华中.复龙换流站/DC800kV.极 1.换流器 U1.换流器保护/系统 A.误触发保护	

表 5-33

极 保 护 表

信息源	信息名称	级别	Syslog 标准格式名称	备注
极保护 A/B/C	极差保护动作	1	华中.复龙换流站/DC800kV.极 1.极保护/系统 A.极差保护	
	极母差保护动作	1	华中.复龙换流站/DC800kV.极 1.极保护/系统 A.极母差保护	
	阀组连线差动保护动作	1	华中.复龙换流站/DC800kV.极 1.极保护/系统 A.阀组连线差动保护	

信息源	信息名称	级别	Syslog 标准格式名称	备注
极保护 A/B/C	中性线差动保护动作	1	华中.复龙换流站/DC800kV.极 1.极保护/系统 A.中性线差动保护	
	线路欠压保护动作	1	华中.复龙换流站/DC800kV.极 1.极保护/系统 A.线路欠压保护	
	线路行波保护动作	1	华中.复龙换流站/DC800kV.极 1.极保护/系统 A.线路行波保护	
	线路突变量保护动作	1	华中.复龙换流站/DC800kV.极 1.极保护/系统 A.线路突变量保护	
	线路再启动逻辑	1	华中.复龙换流站/DC800kV.极 1.极保护/系统 A.线路再启动逻辑	
	直流过压保护动作	1	华中.复龙换流站/DC800kV.极 1.极保护/系统 A.直流过压保护	
	直流欠压保护动作	1	华中.复龙换流站/DC800kV.极 1.极保护/系统 A.直流欠压保护	
	中性线开关保护动作	1	华中.复龙换流站/DC800kV.极 1.极保护/系统 A.中性线开关保护	
	极过流保护动作	1	华中.复龙换流站/DC800kV.极 1.极保护/系统 A.极过流保护	
	接地极线开路保护动作	1	华中.复龙换流站/DC800kV.极 1.极保护/系统 A.接地极线开路保护	
	直流谐波保护动作	1	华中.复龙换流站/DC800kV.极 1.极保护/系统 A.直流谐波保护	
	功率反向保护动作	1	华中.复龙换流站/DC800kV.极 1.极保护/系统 A.功率反向保护	
	极不平衡保护动作	1	华中.复龙换流站/DC800kV.极 1.极保护/系统 A.极不平衡保护	
	直流滤波器电容器不平衡报警	2	华中.复龙换流站/DC800kV.极 1.极保护/系统 A.直流滤波器/电容器不平衡报警	
	直流滤波器差动保护动作	1	华中.复龙换流站/DC800kV.极 1.极保护/系统 A.直流滤波器差动保护	
	直流滤波器电抗器过负荷保护 动作	1	华中.复龙换流站/DC800kV.极 1.极保护/系统 A.直流滤波器电抗器过负荷保护	
	直流滤波器失谐报警	1	华中.复龙换流站/DC800kV.极 1.极保护/系统 A.直流滤波器失谐报警	
	空载加压保护动作	1	华中.复龙换流站/DC800kV.极 1.极保护/系统 A.空载加压保护	
	丢脉冲保护动作	1	华中.复龙换流站/DC800kV.极 1.极保护/系统 A.丢脉冲保护	

信息源	信息名称	级别	Syslog 标准格式名称	备注
极保护 A/B/C	误触发保护动作	1	华中.复龙换流站/DC800kV.极 1.极保护/系统 A.误触发保护	
	空载加压保护动作	1	华中.复龙换流站/DC800kV.极 1.极保护/系统 A.空载加压保护	

表 5-34   双 极 保 护 表

信息源	信息名称	级别	Syslog 标准格式名称	备注
双极 保护 A/B/C	双极中性线差动保护动作	1	华中.复龙换流站/DC800kV.双极保护/系统 A.双极中性线差动保护	
	中性线接地开关保护动作	1	华中.复龙换流站/DC800kV.双极保护/系统 A.中性线接地开关保护	
	大地回线转换开关保护动作	1	华中.复龙换流站/DC800kV.双极保护/系统 A.大地回线转换开关保护	
	金属回线转换开关保护动作	1	华中.复龙换流站/DC800kV.双极保护/系统 A.金属回线转换开关保护	
	接地极线过负荷保护动作	1	华中.复龙换流站/DC800kV.双极保护/系统 A.	
	接地极线不平衡报警	1	华中.复龙换流站/DC800kV.双极保护/系统 A.	
	站接地过流保护动作	1	华中.复龙换流站/DC800kV.双极保护/系统 A.站接地过流保护	
	站接地后备过流保护动作	1	华中.复龙换流站/DC800kV.双极保护/系统 A.站接地后备过流保护	
	金属回线接地保护动作	1	华中.复龙换流站/DC800kV.双极保护/系统 A.金属回线接地保护	
	金属回线横差保护动作	1	华中.复龙换流站/DC800kV.双极保护/系统 A.金属回线横差保护	
	金属回线纵差保护动作	1	华中.复龙换流站/DC800kV.双极保护/系统 A.金属回线纵差保护	

表 5-35   换流变压器保护表

信息源	信息名称	级别	Syslog 标准格式名称	备注
换流 变压器 保护 A/B/C	换流变压器保护动作	1	华中.复龙换流站/DC800kV 极 1.换流器 U1.换流器保护/系统 A.换流变保护	
	换流变压器大差保护动作	1	华中.复龙换流站/DC800kV 极 1.换流器 U1.换流器保护/系统 A.换流变大差保护	
	换流变压器小差保护动作	1	华中.复龙换流站/DC800kV 极 1.换流器 U1.换流器保护/系统 A.换流变小差保护	

信息源	信息名称	级别	Syslog 标准格式名称	备注
换流变压器保护A/B/C	换流变压器引线差动保护动作	1	华中.复龙换流站/DC800kV 极 1.换流器 U1.换流器保护/系统 A.换流变引线差动保护	
	换流变压器引线零差保护动作	1	华中.复龙换流站/DC800kV 极 1.换流器 U1.换流器保护/系统 A.换流变引线零差保护	
	换流变压器网侧绕组差动保护动作	1	华中.复龙换流站/DC800kV 极 1.换流器 U1.换流器保护/系统 A.换流变网侧绕组差动保护	
	换流变压器网侧绕组零差保护动作	1	华中.复龙换流站/DC800kV 极 1.换流器 U1.换流器保护/系统 A.网侧绕组零差保护	
	换流变压器阀侧绕组差动保护动作	1	华中.复龙换流站/DC800kV 极 1.换流器 U1.换流器保护/系统 A.阀侧绕组差动保护	
	换流变压器网侧套管过流保护动作	1	华中.复龙换流站/DC800kV 极 1.换流器 U1.换流器保护/系统 A.网侧套管过流保护	
	换流变压器零序过流保护动作	1	华中.复龙换流站/DC800kV 极 1.换流器 U1.换流器保护/系统 A.零序过流保护	
	换流变压器过励磁保护动作	1	华中.复龙换流站/DC800kV 极 1.换流器 U1.换流器保护/系统 A.过励磁保护	
	换流变压器过压保护动作	1	华中.复龙换流站/DC800kV 极 1.换流器 U1.换流器保护/系统 A.过励磁保护	
	换流变压器直流饱和保护动作	1	华中.复龙换流站/DC800kV 极 1.换流器 U1.换流器保护/系统 A.直流饱和保护	
	换流变压器直流饱和报警	2	华中.复龙换流站/DC800kV 极 1.换流器 U1.换流器保护/系统 A.直流饱和报警	
	换流变压器过负荷报警	2	华中.复龙换流站/DC800kV 极 1.换流器 U1.换流器保护/系统 A.过负荷报警	
	换流变压器中性点零序过流报警	2	华中.复龙换流站/DC800kV 极 1.换流器 U1.换流器保护/系统 A.中性点零序过流报警	
	换流变压器过压报警	2	华中.复龙换流站/DC800kV 极 1.换流器 U1.换流器保护/系统 A.过压报警	
	换流变压器过励磁报警	2	华中.复龙换流站/DC800kV 极 1.换流器 U1.换流器保护/系统 A.过励磁报警	
	换流变压器阀侧过流保护动作	1	华中.复龙换流站/DC800kV 极 1.换流器 U1.换流器保护/系统 A.阀侧过流保护	
	换流变压器阀侧过负荷报警	2	华中.复龙换流站/DC800kV 极 1.换流器 U1.换流器保护/系统 A.阀侧过负荷报警	

表 5-36   交流滤波器保护表

信息源	信息名称	级别	Syslog 标准格式名称	备注
交流滤波器第一、二套保护	电容器不平衡保护动作	1	华中. 复龙换流站/500kV.Z1 交流滤波器场二套保护/Z11-电容器不平衡保护	
	差动保护动作	1	华中. 复龙换流站/500kV.Z1 交流滤波器场二套保护/Z11-差动保护	
	零序过流保护动作	1	华中. 复龙换流站/500kV.Z1 交流滤波器场二套保护/Z11-器零序过流保护	
	电阻过负荷保护动作	1	华中. 复龙换流站/500kV.Z1 交流滤波器场二套保护/Z11-器电阻过负荷保护	
	电抗过负荷保护动作	1	华中. 复龙换流站/500kV.Z1 交流滤波器场二套保护/Z11-电抗过负荷保护	
	失谐报警	2	华中. 复龙换流站/500kV.Z1 交流滤波器场二套保护/Z11-失谐报警	

表 5-37   输变电设备状态监测数据越限或异常告警信号表

信息源	信息名称	级别	Syslog 标准格式名称	备注
输变电设备状态监测单元	××设备绝缘子污秽值越限	3	华东.兰溪变/500kV.芝安 5012 线.开关/绝缘子污秽	
	××设备避雷器动作次数越限	3	华东.兰溪变/500kV.芝安 5012 线.避雷器/动作次数	
	××主变压器综合监测单元异常	2	华东.兰溪变/500kV.#1 主变/综合检测单元.异常	
	××主变压器油色谱 H_2 含量超标	2	华东.兰溪变/500kV.#1 主变/油色谱 H_2 含量.超标	

5.4 调控一体化系统应用过程中常见问题

5.4.1 主接线画面问题

调控一体化系统主接线画面问题主要有:

（1）线路、主变压器、母联、分段断路器间隔缺少电流、有功、无功实时数据链接。

（2）缺少电压指示。有的主接线图中缺少母线电压指示，有的只有相电压，有的只有线电压，有的没有显示相别。

（3）厂站主接线图中图元表示不符合标准。厂站主接线图上接地刀闸、串联电抗器、电容器等设备图元画法不规范，位置与实际接线不符。

（4）主变压器间隔显示不正确。主变压器挡位显示有小数点，主变压器没有显示编号，同一厂站编号不统一，标注位置不合理等。

（5）断路器标准原则不一致或无编号。对于设备较多的厂站，在同一张画面上显示全部主设备，需要有统一的标注规范，如断路器位置、编号等。如果不按照统一原则进行，监控员容易将众多断路器编号和位置混淆，不利于监控。

（6）母联或分段断路器无编号。

（7）主接线画面与分画面中设备位置显示不对应。该现象容易出现在接地刀闸、电容器、电抗器、站用变等间隔。

（8）主接线画面中部分设备颜色显示与系统规定颜色不一致。

（9）新投设备监控后台主接线图与调度下发的主接线图不一致。

（10）主接线中部分元件未连接。

5.4.2 细节图问题

调控一体化系统细节图问题主要有：

（1）细节图中无"远方/就地"把手，有的未标明把手的名称。

（2）测量信息不全。细节图中应反映的测量信息有电流、电压、有功、无功，有的只有电流，有的电流值相电流、线电流值不全。

（3）母线间隔无法进入细节图。

（4）各电压等级"加热器自动开关分闸报警信息"所反映内容不一致。

（5）光子牌中命名规则不一致。

（6）各厂站全站公用信号部分显示不规范、不一致。

（7）油浸式电抗器、所用变压器等设备没有温度显示或显示不正确，油面温度和绕组温度显示不全。

5.4.3 信息问题

调控一体化系统信息问题主要有：

（1）信息点号入库时定义错误。

（2）重要信息与不重要信息点号合并。

（3）重要信息遗漏。

（4）保护信息定义错误，如"失灵保护启动"与"失灵保护动作"信号定义反，或者合并上送，使监控员难以判断保护真正动作情况。

附录A 调度相关概念及定义

调度相关概念及定义见表 A-1。

表 A-1   **调度相关概念及定义**

序号	调度术语	定 义
1	电力系统	电力系统是由发电、供电（输电、变电、配电）、用电设施和为保证这些设施正常运行所需的继电保护和安全自动装置、计量装置、电力通信设施、自动化设施等构成的整体
2	电网企业	拥有、经营和运行电网的电力企业
3	发电厂	不同类型发电企业的统称
4	电力客户	通过电网消费电能的单位或个人
5	变电运行值班长（人员）	指电网经营企业的变电站、集控站、操作队等的运行值班长（人员）和电力客户变电站的运行值班长（人员）
6	电力调度机构	指依法对电网运行进行组织、指挥、指导和协调，依据《电网调度管理条例》设置的各级电力调度（通信）中心/所/室
7	并网调度协议	指电网企业与电网使用者或电网企业间就调度运行管理所签订的协议，协议规定双方应承担的基本责任和义务，以及双方应满足的技术条件和行为规范
8	直接调管/间接调管	直接调管是指由本级调度全权负责电网运行的组织、指挥、指导和协调。间接调管是指由下级调度机构负责电网运行的组织、指挥、指导和协调，但在操作前需征得本级调度同意
9	运行方式	一般指调度机构编制的用于指导电网运行、检修和事故处理的年度、季度、月度和日调度计划
10	旋转备用	指运行正常的发电机维持额定转速，随时可以并网，或已并网但仅带一部分负荷，随时可以利用且不受网络限制的剩余发电有功出力，是用以满足随时变化的负荷波动，以及负荷预计的误差、设备的意外停运等所需的额外有功功率
11	最大/最小技术出力	最大技术出力是指发电机组在稳态运行情况下的最大发电功率。最小技术出力是指发电机组在稳态运行情况下的最小发电功率
12	一次调频	指通过原动机调速控制系统来自动调节发电机组转速和出力，以使驱动转矩随系统频率而变动，从而对频率变化产生快速阻尼作用，是并网机组必须具备的功能
13	二次调频	指运行人员手动操作或由调度AGC自动操作，增减发电机组的有功出力，恢复频率至目标值
14	事故	一般指电网及有关设备的异常运行状态

序号	调度术语	定　　义
15	电力技术监督	在电力建设、生产及电能的传输和使用过程中，以安全和质量为中心，依靠科学的标准，利用先进的测试和管理手段，对电力设备及其构成的系统的健康水平及与安全、质量、经济运行有关的重要参数、性能、指标进行监测、检查、验证及评价，以确保其在安全、优质、经济的状态下运行
16	紧急情况	电网发生事故或者发电、供电设备发生重大事故，电网频率或者电压超出规定范围、输变电设备负载超过核定值、联络线（或者断面）功率值超出规定的稳定限额以及其他威胁电网安全运行，有可能破坏电网稳定、导致电网瓦解以致大面积停电等运行情况
17	不可抗力	指不能预见、不能避免并不能克服的客观情况，包括龙卷风、暴风雪、泥石流、山体滑坡、水灾、火灾、严重干旱、超设计标准的地震、台风、雷电、雾闪等，以及战争、瘟疫、骚乱等
18	负荷控制	为保障电网的安全、稳定运行，由电网企业对用电负荷采取的调控措施
19	辅助服务	为保证供电安全性、稳定性和可靠性及维护电能质量，需要发电企业、电网企业和用户提供的一次调频、自动发电控制、调峰、备用、无功电压支撑、黑启动等服务
20	发电设备检修等级	依据 DL/T 838—2003《发电企业设备检修导则》，发电机组检修按检修规模和停用时间分为 A、B、C、D 四个等级： 　A 级检修是指对发电机组进行全面的解体检查和修理，以保持、恢复或提高设备性能。 　B 级检修是指针对机组某些设备存在问题，对机组部分设备进行解体检查和修理。B 级检修可根据机组状态评估结果，有针对性地实施部分 A 级检修项目或定期滚动检修项目。 　C 级检修是指根据设备的磨损、老化规律，有重点地对机组进行检查、评估、修理和清扫。C 级检修可进行少量零部件的更换、设备的消缺、调整、预防性试验等作业以及实施部分 A 级检修项目或定期滚动检修项目。 　D 级检修是指当机组总体运行状况良好时对主要设备的附属系统和设备进行消缺。D 级检修除进行附属系统和设备的消缺外，还可根据设备状态的评估结果，安排部分 C 级检修项目
21	主网/配网	是一对相对概念。以西北电网为例，西北网调 750kV 和 330kV 电压等级电网中，直接和间接调管设备所形成网络统称为主网，其他 330kV 及以下电压等级设备形成的网络为配网。 　省调直接调管的 330kV 和间接调管的 110kV 设备形成的网络为主网，其他 110kV 及以下电压等级电网为配网。 　地调直接调管的 110kV 和间接调管的 35kV 设备形成的电网为主网，其他 35kV 及以下电压等级设备形成电网为配网
22	计划检修/临时检修	计划检修是指设备的定期检修、维修、试验和继电保护及安全自动装置的定期维护、试验，包括节日检修。临时检修是指非计划性检修，主要是因设备缺陷或其他原因造成的临时性停役检修等，包括事故检修
23	电力技术监督	在电力建设、生产及电能的传输和使用过程中，以安全和质量为中心，依靠科学的标准，利用先进的测试和管理手段，对电力设备及其构成系统的健康水平及与安全、质量、经济运行有关的重要参数、性能、指标进行监测、检查、验证及评价，以确保其在安全、优质、经济的状态下运行

序号	调度术语	定　义
24	电网调度系统	电网调度系统包括各级电网调度机构和网内监控中心、厂、站的运行值班单位
25	简称释义	EMS 指能量管理系统（Energy Management System）； AGC 指自动发电控制（Auto Generation Control）； AVC 指自动电压控制（Auto Voltage Control）； PSS 指电力系统稳定器（Power System Stabilizer）； OMS 指调度管理系统（Operation Management System）； DMIS 指调度生产管理系统（Dispatching Management Information System）； HMS 指水调自动化系统（Hydropower Management System）； RTU 指自动化系统远动设备（Remote Terminal Unit）； ACE 指电网区域控制偏差（Area Control Error）； WAMS 指广域测量系统（Wide Aera Measurement System）； SPDNet 指电力调度专用数据网络（State-Power- Data-Network）
26	冠语	冠语是调度业务联系时说明联系人单位、姓名时的词语。 （1）网调×××。 （2）××省调×××。 （3）××地调×××。 （4）××变电站×××。 （5）××电厂×××

附录 B 调度操作术语及含义

调度操作术语及含义见表 B-1。

表 B-1 调度操作术语及含义

分 类	调度操作术语及含义
1 通用术语	1.1 充电。设备带标称电压但不接带负荷。 1.2 送电。设备充电并带负荷（指设备投入环状运行或带负荷）。 1.3 停电。断开开关及刀闸使设备不带电。 1.4 X 次冲击。合闸合断开关 X 次，以额定电压对设备接连进行 X 次充电。 1.5 零起升压（递升加压）。设备由零逐步升高至预定值或额定电压值。 1.6 零起升流。电流由零逐步升高至预定电流值或额定电流值。 1.7 合环。合上网络内某开关将网络改为环网运行。 1.8 同期合环。检测同期后合环。 1.9 解环。将环状运行的电网解为非环状运行。 1.10 并列。两个单独电网合并为一个电网运行，或将发电机组（调相机组）并入电网运行。 1.11 解列。将一个电网分成两个电气相互独立的部分运行，或将发电机与电网解除电气联系。 1.12 运行转检修。断开（拉开）设备各侧开关及刀闸，并在设备可能来电的各侧合上接地刀闸（或挂接地线）。 1.13 检修转运行。拉开设备各侧接地刀闸，合上除检修要求不能合或方式明确不合的开关以外的设备各侧刀闸和开关。 1.14 运行转热备用。断开设备各侧开关。 1.15 热备用转运行。合上除检修要求不能合或方式明确不合的开关以外的设备各侧开关。 1.16 运行转冷备用。断开（拉开）设备各侧开关及刀闸。 1.17 冷备用转运行。合上除检修要求不能合或方式明确不合的开关以外的设备各侧刀闸和开关。 1.18 热备用转检修。拉开设备各侧刀闸，并在设备可能来电的各侧合上接地刀闸。 1.19 检修转热备用。拉开设备各侧接地刀闸，合上除检修要求不能合或方式明确不合的刀闸以外的设备各侧刀闸。 1.20 冷备用转检修。在设备可能来电的各侧合上接地刀闸。 1.21 检修转冷备用。拉开设备各侧接地刀闸。 1.22 热备用转冷备。拉开设备各侧刀闸。 1.23 冷备用转热备用。合上除检修要求不能合或方式明确不合的设备各侧刀闸
2 开关和刀闸	2.1 合上开关。使开关由分闸位置转为合闸位置。 2.2 断开开关。使开关由合闸位置转为分闸位置。 2.3 合上刀闸。使刀闸由断开位置转为接通位置。 2.4 拉开刀闸。使刀闸由接通位置转为断开位置。说明：开关的操作术语采用"断开"与"合上"。刀闸的操作术语采用"拉开"与"合上"。 2.5 开关跳闸。未经操作的开关三相同时由合闸转为分闸位置。 2.6 开关×相跳闸。（重合成功，重合失败，重合闸未动作）未经操作的开关 X 相由

分　类	调度操作术语及含义
2　开关和刀闸	合闸转为分闸位置（自动重合闸动作成功，自动重合闸动作失败，自动重合闸未动作）。 　　2.7　开关非全相合闸。开关进行合闸操作时只合上一相或两相。 　　2.8　开关非全相跳闸。未经操作的开关一相或两相跳闸。 　　2.9　开关非全相运行。开关跳闸或合闸等致使开关一相或两相合闸运行。说明：当只有本开关跳闸，未使相关设备跳闸时，只需按照如上术语汇报，但设备（除开关外）跳闸时，应在如上术语前加设备双编号名称，如××（设备名称）×开关【×相】跳闸，【重合成功（失败，未动作）】，【】中内容在线路跳闸时需根据实际情况汇报
3　线路	3.1　线路强送电。线路开关跳闸后，经检查变电站内一、二次设备正常，而线路故障未经处理，即行送电的情况。 　　3.2　线路试送电。线路开关跳闸后，对线路故障处理后首次送电
4　母线	4.1　倒母线。线路、主变压器等设备从连接在某一条母线运行改为连接在另一条母线运行
5　继电保护	5.1　保护投入运行。将×设备×保护（×部分）投入运行。 　　5.2　保护退出运行。将×设备×保护（×部分）退出运行。 　　5.3　将保护改投跳闸。将保护由停运或信号位置改为跳闸位置。 　　5.4　将保护改投信号。将保护由停运或跳闸位置改为信号位置。 　　5.5　压板投入。投入×设备×保护×压板。 　　5.6　压板退出。退出×设备×保护×压板。 　　5.7　母差保护方式改变。将××kV 母线母差保护由单母运行方式改为双母（双母单分段、双母多分段）固定方式。将××kV 母线母差保护由双母（双母单分段、双母多分段）固定方式改为单母运行方式。 　　5.8　重合闸按××方式投入。重合闸有四种投入方式，即单重、三重、综重和重合闸停用，按规定选择其中的一种方式投入
6　接地刀闸	6.1　合上接地刀闸。用接地刀闸将设备与大地接通。 　　6.2　拉开接地刀闸。用接地刀闸将设备与大地断开
7　发电机组（调相机组）	7.1　并网。发电机达到额定转速，具备运行条件，通过合上出口开关与电网接通。 　　7.2　解列。发电机通过断开出口开关与电网断开。 　　7.3　增加有功出力。在发电机原有功出力基础上增加有功出力。 　　7.4　减少有功出力。在发电机原有功出力基础上减少有功出力。 　　7.5　增加无功出力。在发电机原无功出力基础上增加无功出力。 　　7.6　减少无功出力。在发电机原无功出力基础上减少无功出力。 　　7.7　提高电压。在原电压基础上，提高电压至某一数值。 　　7.8　降低电压。在原电压基础上，降低电压至某一数值。 　　7.9　提高频率。指调频厂在手动调频时，将频率提高至某一数值。 　　7.10　降低频率。指调频厂在手动调频时，将频率降低至某一数值。 　　7.11　空载。发电机处于并网状态，但未接带负荷。 　　7.12　甩负荷。发电机所带负荷突然大幅度降低。 　　7.13　进相运行。发电机或调相机定子电流相位超前电压相位，发电机从系统中吸收无功。 　　7.14　发电改调相。发电机由发电状态改为调相运行。 　　7.15　调相改发电。发电机由调相状态改为发电运行。 　　7.16　发电机跳闸。运行中的发电机主开关跳闸。 　　7.17　发电机维持全速。发电机组与电网解列后，维持额定转速，等待并网（或试验）。 　　7.18　可调出力。机组实际可能达到的发电能力

分　类	调度操作术语及含义
8　变压器分接头	8.1　××变压器分接头从×挡调到×挡。××变压器分接头从×挡调到×挡。 8.2　××变压器分接头从××kV 挡调到××kV 挡。××变压器分接头从××kV 挡调到××kV 挡。
9　用电负荷	9.1　将××kV ××变电站以不停电方式倒至××kV。××变电站用电以先合环后解环方式，将××变电站由原供电变电站倒至另一变电站用电。 9.2　将××kV ××变电站以停电方式倒至××kV。××变电站用电先将××变电站停电，然后再将其倒至另一变电站用电。 9.3　用户限电。通知用户按调度指令自行限制用电负荷。 9.4　拉闸限电。拉开线路开关强行限制用户用电。 9.5　×分钟内限去超用负荷。通知用户按指定时间自行减去比用电指标高的那部分用电负荷。 9.6　×分钟内按事故限电顺序切掉××万 kW。通知下级调度或运行值班员在规定时间内按事故限电顺序切掉×万 kW 负荷
10　新建（或改建、扩建）设备启动	10.1　定相。用仪表或其他手段，检测两电源的相序、相位是否相同（定相的含义，全国不同地区存在差异，本术语中暂按西北网调目前的实际做法进行定义）。 10.2　核相。用仪表或其他手段，检测设备的一次回路与二次回路相序、相位是否相同（核相的含义，全国不同地区存在差异，本术语中按西北网调目前的实际做法进行定义）。 10.3　TA 极性测量。用仪表或其他手段，检测设备的 TA 二次回路极性是否正确